普通高等教育"十二五"规划建设教材

生物技术实验教程

陈丽静　郭志富　主编

中国农业大学出版社

·北京·

图书在版编目(CIP)数据

生物技术实验教程/陈丽静,郭志富主编. —北京:中国农业大学出版社,2012.7

ISBN 978-7-5655-0425-9

Ⅰ.①生…　Ⅱ.①陈…②郭…　Ⅲ.①生物学-实验-高等学校-教材　Ⅳ.①Q-33

中国版本图书馆 CIP 数据核字(2012)第 129065 号

书　　名	生物技术实验教程			
作　　者	陈丽静　郭志富　主编			

责任编辑	张秀环		责任校对	王晓凤　陈　莹
封面设计	郑　川			
出版发行	中国农业大学出版社			
社　　址	北京市海淀区圆明园西路 2 号		邮政编码	100193
电　　话	发行部 010-62818525,8625		读者服务部 010-62732336	
	编辑部 010-62732617,2618		出 版 部 010-62733440	
网　　址	http://www.cau.edu.cn/caup		**e-mail** cbsszs @ cau.edu.cn	
经　　销	新华书店			
印　　刷	北京时代华都印刷有限公司			
版　　次	2012 年 7 月第 1 版　2013 年 2 月第 2 次印刷			
规　　格	787×980　16 开本　8.75 印张　190 千字			
定　　价	22.00 元			

图书如有质量问题本社发行部负责调换

编 审 人 员

主　编　陈丽静
　　　　郭志富

副主编　李浩戈
　　　　张　丽
　　　　林景卫

编　者　（按姓氏拼音排序）
　　　　陈丽静
　　　　郭志富
　　　　李浩戈
　　　　林景卫
　　　　刘少霞
　　　　马　慧
　　　　张　丽

主　审　钟　鸣
　　　　冯玉龙

前　言

　　建立在分子生物学、分子遗传学、生物化学、微生物学、细胞学,以及工程、计算技术等基础之上的现代生物技术,在医药、农业、环境和海洋生物等领域催生的一批高技术产业群,因其巨大的潜在效益和发展前景,已成为各国竞相抢占的制高点,必将成为 21 世纪的主导产业。

　　生物技术是以实验为基础的科学,实验方法和研究技术的不断进步,推动着学科理论与应用发展。为了满足生物技术产业发展对人才的需求,在加强专业基础课教学的同时,必须注重培养专业人才的实验技能。

　　本专业学生的实验课程已经包括生物化学实验、微生物实验、细胞生物学实验等基础课实验,这些实验为培养学生的基础操作能力、提高学生的实际动手能力等奠定了良好的基础,但是这些实验都是单个的小实验,各个实验各自为一体,没有系统的相互关联,学生完成实验后没有一个完整的概念。为此,我们根据全国高等农业院校生物技术专业教学要求,制定不同层次的、面向各专业本科生的生物学实验课程及其教学内容,打破部分内容重复的传统生物学实验教学体系,总结近年来实验教学及科研实践经验,并参考国内外相关著作、教材及文献,将学科相同、相近、相互联系的实验课(基因工程、细胞工程和发酵工程)进行整合,以现行《生物技术实验指导》为蓝本,重新编写了本实验教程。

　　本实验教程以基因工程、细胞工程和发酵工程实验为基础,组成了生物技术上游、中游和下游技术。其中每个部分放弃了原来分散的、独立的小实验,设计成相对独立而又联系紧密的完整系列体系,增加了学生的设计性和主动性。这些实验既注重和加强了原来各自的实验内容,又注重到相互联系,从而提高学生的实验兴趣。

　　全书共分四章,第一章"生物技术实验常识"包括:实验室规则、实验记录与报告的撰写要求、常用仪器的使用方法及注意事项,培养学生安全操作、整洁卫生、记录翔实、工作从容有序等良好的实验习惯。第二章"生物技术基本实验"主要以植物为研究对象,设计了农业生物技术中以基因工程、细胞工程、发酵工程为基础的生物技术上游、中游和下游技术,包括植物愈伤组织的诱导、继代与分化,植物单细胞培养、原生质体分离,植物核酸的提取与电泳检测,以及 PCR 技术等基础操作实验,还包括植物组织脱毒快繁、原生质体融合、农杆菌介导转化及随机扩增多态性DNA 分析等综合实验,以培养学生的仪器操作能力、观察能力,巩固基础课知识和培养综合实验能力为目的。第三章"生物技术综合设计性实验"。本次实验教程编写增加了综合设计性实验一章,综合设计性实验旨在强化学生"探究式"学习能力及培养科学思维能力,重在探究与创新,包括 9 个综合设计性实验,涉及生物技术操作的所有基本实验。第四章实验项目中思考题的参考答案,帮助读者正确理解实验理论。

参加本书编写的人员是沈阳农业大学一批多年从事生物技术教学与科研的骨干教师,书中精选了本教研室认为学生必须掌握的教学实验项目,或在今后科研工作中经常遇到的实验操作,具有基础性、实用性和系统性;实验原理简明扼要,通俗易懂;操作方法具体详尽,并附有流程图,清晰明了,有利于初学者循序渐进、独立系统地掌握现代生物技术的基本操作技能。

本书可作为高等农业院校生物技术、生物科学、农学、园艺、植保、林学等相关专业本科生和研究生的实验教材,也可作为科研人员和技术工作者的参考书。

限于我们的经验和水平,不当之处在所难免,诚挚地欢迎广大读者提出批评和指正。

编 者

2012 年 4 月

目　录

第一章 生物技术实验常识

第一节 实验室规则

进入实验室的每一个人都必须遵守实验室有关安全的各种规定，以避免给自己和他人造成危害，这也是实验能顺利进行的前提。生物技术专业实验室有化学实验室常有的潜在安全事故因子，如易燃、易爆、具化学毒害性物质，仪器伤人事故，水、电事故，还有接触生物毒害物质，发生生物感染等潜在因素。确保实验室不发生安全事故是教师和实验室管理员及每一个上实验课的学生的责任。以下是必须注意的生物技术实验室基本安全规程。

（1）熟悉所有易燃、易爆、有毒、腐蚀、生物毒害等有害物质的标识（图 1-1）（教师和实验室管理人员必须保证这些物质有标识，并存放于安全的地方），实验操作中必须小心谨慎，穿工作服，戴工作手套，有的还必须戴安全眼镜，一般要求在通风橱中进行操作。

有毒物质　　　　氧化类物质　　　杂类危险物质和物品　　爆炸物质

易燃物品　　　　放射性物质　　　腐蚀性物质　　　　感染性物质

图 1-1　有害物质标识

（2）对具有放射性的物质必须严格在教师指导下在规定的放射化学实验室内使用，不可在普通实验室内使用。

（3）严禁在实验室吸烟、饮食，以免误食和吸入有毒物质。

（4）自觉地遵守课堂纪律，维护课堂秩序，不迟到，不早退，保持室内安静，不大声喧哗。

（5）在实验过程中要听从教师的指导，严肃认真地按操作规程进行实验，并简要、准确地将实验结果和数据记录在实验记录本上。

（6）环境和仪器的清洁整齐是搞好实验的重要条件。实验台面、试剂药品架上必须保持整洁，仪器药品要井然有序。公用试剂用毕应立即盖严放回原处。勿使试剂药品洒在实验台面和地上。实验完毕，须将药品试剂排列整齐，仪器要洗净倒置放好，将实验台面抹拭干净，经教师验收仪器后，方可离开实验室。

（7）使用仪器、药品、试剂和各种物品必须注意节约，不要使用过量的药品和试剂。应特别注意保持药品和试剂的纯净，严防混杂。不要将滤纸和称量纸做其他用途。使用和洗涤仪器时，应小心仔细，防止损坏仪器。使用贵重精密仪器时，应严格遵守操作规程，发现故障立即报告教师，不要自己动手检修。

（8）实验完毕，应立即关好煤气开关和水龙头，断开电闸，各种玻璃器皿应放置稳妥。离开实验室以前应认真负责地进行检查，严防事故。

（9）废弃液体（强酸强碱溶液必须先用水稀释）可倒入水槽内，同时放水冲走。废纸、火柴头及其他固体废物、带有渣浮沉淀的废液都应倒入废品缸内，不得倒入水槽或到处乱扔。

（10）实验室内一切物品，未经本室负责教师批准严禁携出室外，借物必须办理登记手续。

（11）对实验内容和安排不合理的地方可提出改进意见。对实验中出现的一切反常现象应进行讨论，并大胆提出自己的看法，做到生动、活泼、主动地学习。

第二节　实验记录及实验报告的书写

一、实验记录

每次实验前应认真预习，将实验名称、目的和要求、原理、实验内容、操作方法或步骤等简单扼要地写在记录本上。实验记录本应标上页码，不要撕去任何一页，更不要擦抹及涂改,写错时可以划去重写。记录时必须使用钢笔或圆珠笔。实验中观察到的现象、结果和数据,应及时地直接记在记录本上,绝对不可以用纸片做记录或写在草稿纸上。原始记录必须准确、简练、详尽、清楚。从实验开始就应养成这种良好的习惯。应做到正确记录实验结果、切忌夹杂主观因素,这是十分重要的。在实验条件下观察到的现象,应如实仔细地记录下来。在定量实验中观测的数据,如称量物的质量、滴定管的读数、分光光度计的读数等,都应设计表格准确记下读数,并根据仪器的精确度准确记录有效数字。例如,光密度值为 0.050 不应写成 0.05。每一项结果最少要重复观测 2 次以上,当符合实验要求并确知仪器工作正常后再写在记录本上。实验记录上的每一个数字,都反映 1 次测量结果,所以,重复观测时即使数据完全相同也应如实记录下来。数据的计算也应该写在记录本的另一页上,一般写在正式记录的左侧。总之,实验的每个结果都应正确无遗漏地做好记录。实验中使用仪器的类型、编号以及试剂的规格、化学式、相对分子质量、准确的浓度等,都应记录清楚,以便总结实验时进行核对和作为查找成败原因的参考依据。如果发现记录的结果有可疑、遗漏、丢失等,都必须重做实验。将不可靠的结果当作正确的记录,在实际工作中可能造成难以估计的损失。所以,在学习期间应一丝不苟,努力培养严谨的科学作风。

二、实验报告的书写

实验结束后,应及时整理和总结实验结果,写出实验报告。实验报告一般包括以下几个部分:

（一）目的和要求

（二）内容

（三）原理

（四）试剂和仪器

（五）操作步骤

（六）结果与讨论

在写实验报告时,可以按照实验内容分别写原理、操作方法、结果与讨论等。原理部分应简述基本原理。操作方法（或步骤）可以采用工艺流程图的方式或自行设计的表格来表示。某些实验的操作方法可以与结果或讨论部分合并,自行设计各种表格综合书写。结果与讨论包括实验结果及观察现象的小结、对实验中遇到的问题和思考题进行探讨,以及对实验的改进意见等。

第三节 常用仪器的使用方法及注意事项

一、可调式微量移液器

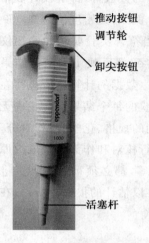

推动按钮
调节轮
卸尖按钮

活塞杆

图 1-2 可调式微量移液器的结构

图 1-3 标准手持姿势

活塞移动的距离是由调节轮控制螺杆机构来实现的。推动按钮带动推杆使活塞向下移动,排出了活塞腔内的气体,松手后,活塞在复位弹簧的作用下恢复到挡原位,从而完成一次吸液过程。移液器内部柱塞分 2 挡行程,第 1 挡为吸液,第 2 挡为放液,手感十分清楚。

(一)操作方法

1. 准备

将移液器吸头(枪头)套在移液器杆上,稍加旋转压紧枪头使之与枪杆间无空气间隙。转动调节轮至所需体积,按图 1-4a 所示手握移液器。

2. 吸液

轻轻按下推动按钮,使按钮由位置"0"推到位置"1",将枪头垂直浸入液体内 2～4 mm 处,缓慢松开按钮,即使按钮由位置"1"复位到位置"0",完成吸液过程,停 1～2 s 后将移液器下端枪头移出液面。

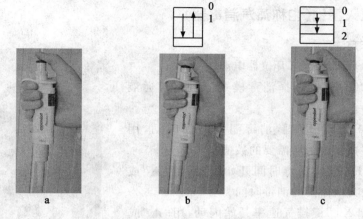

图 1-4 可调式移液器的使用

a.准备 b.吸入 c.排出

3.排液

将枪头尖部以 10°～45°倾斜于容器内壁,缓慢按下推动按钮至位置"1",继续按至位置"2"处,排放所有液体。停 1～2 s 后移走移液器,松开推动按钮,压下枪头,即全部完成一次吸、排液过程。

(二)使用注意事项

(1)应看准移液器的最大量程,切勿拧过头,否则易导致调节轮失灵甚至报废,造成不必要的经济损失;移液器是实验必备量液精密仪器,请不要用移液器敲打桌面等物体,并严防摔落。

(2)排液时要按到 2 挡位置至图 1-4c 所示位置"2",以便排净液体。

(3)移液过程中每步操作一致可获得最佳重复性,请注意移液速度、平稳性以及进入试样的深度,并应垂直握持移液器。

(4)为了避免液体进入移液器套筒内,请压放按钮时要慢且稳,放液时应保持移液器垂直,吸头中有液体时绝不倒放。

(5)为获得较高的精度,再取液时应先用吸液的方法浸润吸头尖,以消除误差。当所吸液体是血清蛋白质及有机溶剂时,吸头内壁会明显残留一层"液膜",如果吸头只用一次,误差可能会超出规定的误差范围,因为这个值对同一个吸头是一个常数,如果用这个吸头再吸一次,则精度是可以保证的。

(6)浓度大的液体其消除误差的补偿量由试验确定,其取液量可通过增加或减少容量计上的读数加以补偿。

二、高压灭菌锅(也称蒸汽消毒器)

(一)操作方法

(1)按"POWER"键打开仪器电源。

(2)按"MODE"键选择消毒模式(琼脂、普通液体、固体模式)。

(3)按"SET/ENT"键,消毒温度开始闪动,用"▲"或"▼"将数字改为所需要的数值。

(4)按"NEXT"键消毒时间开始闪动,用"▲"或"▼"将数字改为所需要的消毒时间。

(5)按"NEXT"键排气速率开始闪动,用"▲"或"▼"将排气改为所需要的数值(在固体模式中没有此项)。

(6)按"NEXT"键保温温度值开始闪动,用"▲"或"▼"将数字改为所需要的保温数值(在普通液体和固体模式中没有此项),按"SET/ENT"键保存所设定的参数。

图1-5 高压灭菌锅

(二)使用注意事项

(1)每次使用前必须检查灭菌腔内是否有足够的水。

(2)消毒完毕,必须等压力表指示压力回到零位后方可开盖。

(3)每次使用前必须检查手动排气旋钮是否关闭。

(4)如果长期不使用必须将灭菌腔内的水排干。

(5)要经常检查排气壶内的水是否在安全线内。

(6)建议使用专用电源。

(7)灭菌程序运行完毕后,蜂鸣器发出信号,但此时且不可立即打开高压锅盖,要等待自然冷却,锅内压力下降后才可启盖,过早开启会引起锅内水再沸腾引起烫伤,特别是内有灭菌的液体时更应注意,最好等到温度下降至80℃以下再启盖为安全。在没有液体灭菌情况下,可打开压力锅的"EXAUST"进行放气,以缩短锅内降温时间。

(8)为了安全和保证灭菌的效果,高压灭菌锅应定期进行内侧的清洗和各部的检修。

三、分光光度计

(一)操作方法

(1)预热仪器。为使测定稳定,将电源开关打开,使仪器预热 20 min,为了防止光电管疲劳,不要连续光照。预热仪器时和在不测定时应将比色皿暗箱盖打开,使光路切断。

(2)选定波长。根据实验要求,转动波长调节器,使指针指示所需要的单色光波长。

(3)固定灵敏度挡。根据有色溶液对光的吸收情况,为使吸光度读数为 0.2~0.7,选择合适的灵敏度。为此,旋动灵敏度挡,使其固定于某一挡,在实验过程中不再变动。一般测量固定在"1"挡。

(4)调节"0"点。轻轻旋动调"0"电位器,使读数表头指针恰好位于透光度为"0"处(此时,比色皿暗箱盖是打开的,光路被切断,光电管不受光照)。

(5)调节 T=100%。将盛蒸馏水(或空白溶液或纯溶剂)的比色皿放入比色皿座架中的第一格内,有色溶液放在其他格内,把比色皿暗箱盖子轻轻盖上,转动光量调节器,使透光度 T=100%,即表头指针恰好指在 T=100%处。

(6)测定。轻轻拉动比色皿座架拉杆,使有色溶液进入光路,此时表头指针所示为该有色溶液的吸光度 A。读数后,打开比色皿暗箱盖。

(7)关机。实验完毕,切断电源,将比色皿取出洗净,并将比色皿座架及暗箱用软纸擦净。

(二)使用注意事项

(1)为了防止光电管疲劳。不测定时必须将比色皿暗箱盖打开,使光路切断,以延长光电管使用寿命。

(2)比色皿的使用方法。

①拿比色皿时,手指只能捏住比色皿的毛玻璃面,不要碰比色皿的透光面,以免沾污。

②清洗比色皿时,一般先用水冲洗,再用蒸馏水洗净。如比色皿被有机物沾污,可用盐酸-乙醇混合洗涤液(1∶2)浸泡片刻,再用水冲洗。不能用碱溶液或氧化性强的洗涤液洗比色皿,以免损坏。也不能用毛刷清洗比色皿,以免损伤它的透光面。每次做完实验时,应立即洗净比色皿。

③比色皿外壁的水用擦镜纸或细软的吸水纸吸干,以保护透光面。

④测定有色溶液吸光度时,一定要用有色溶液洗比色皿内壁几次,以免改变有色溶液的浓度。另外,在测定一系列溶液的吸光度时,通常都按由稀到浓的顺序测

定,以减小测量误差。

⑤在实际分析工作中,通常根据溶液浓度的不同,选用液槽厚度不同的比色皿,使溶液的吸光度控制在 0.2～0.7。

四、垂直板电泳系统(BIO RAD 3000)

所需器材:凝胶模、长短玻璃板、夹心式垂直板电泳槽和直流稳压电泳仪等。

(一)操作程序

(1)安装夹心式垂直板电泳仪。

(2)将装好胶的长短玻璃板分别插到凹形槽中,将凹形槽放入电泳槽中。

(3)在电泳槽中加入电极缓冲液,加样品。

(4)将直流稳压电泳仪与电泳槽连接,打开电泳仪开关,调节电流和电压。

(5)当蓝色染料迁移至凝胶下缘 1 cm 时,停止电泳,关电源。

(6)将实验器材严格地清洗,阴干。

**图 1-6　垂直板电泳系统
(BIO RAD 3000)**

(二)使用注意事项

(1)安装电泳槽和镶有长短玻璃板的凹形槽时,位置要端正,均匀用力,以免缓冲液渗漏或玻璃板压裂。

(2)电泳时,电泳仪与电泳槽间正负极不能接错,选用合适的电流、电压。

五、高速冷冻离心机

(一)操作程序

(1)打开离心机盖,将离心管放入转子体内,离心管必须成偶数对称放入(离心管试液应称量加入),注意把转子体上的螺钉旋紧,并重新检查试管是否对称放入,螺钉是否旋紧。

(2)关上离心机盖,完毕用手检查门盖是否关紧。

(3)设置转子号、转速、温度、时间。在停止状态下时,用户可以设置转子号、转速、温度、时间,按设置(SET)键,此时离心机处于设置状态,停止灯亮、运行灯闪烁;在运行状态下时,用户只能设置转速、温度、时间,按设置(SET)键,此时离心机处于设置状态,此时运行灯亮、停止灯闪烁(停止状态下按"SET"键可以在时间、温度、转速和转子号之间循环选择;运行状态下按"SET"键可以在时间、温度和转速之间循环选择)。

(二)使用注意事项

(1)离心机在运转时,不得移动离心机,不要打开门盖。

(2)安放离心机的台面应坚实平整,四只橡胶机脚都应与台面接触和均匀受力,以免产生振动。

(3)离心管加液尽可能目测均匀,若加液差异过大运转时会产生大的振动,此时应停机检查,使加液符合要求,离心试管必须成偶数对称放入。

(4)若运转时有离心试管破裂,会引起较大振动,应立即停机处理。

(5)电源必须接地线。

六、PCR 仪(PTC−200)

(一)操作程序

(1)打开主机电源,进入主菜单。

(2)按箭头键←↑→↓选择文件子菜单,对原有程序进行编辑,或新建新程序。

(3)新建扩增程序:在文件菜单 Enter 中,分步设置温度和反应时间等参数。

(4)返回主菜单中,调出所设计的扩增程序,按 Run,运行程序。

图 1-7　PCR 仪(PTC-200)

(5)运行程序结束后,取出扩增管,冷却热盖装置,关闭电源。

(6)清理台面,认真做好仪器使用记录。

(二)使用注意事项

(1)电源。

①本机对电源无特殊要求,运用范围宽,交流 100～240 V,但电源电压波动能太大,以免损坏机内器件,否则应考虑加装稳压电源。

②本机在运行程序过程中,禁止用切断电源的方法结束实验,原因有二:其一,对执行程序不利;其二,电源切断后,风机停转,元件散热不畅,易积热损坏。

(2)样品温度探头。样品温度探头在使用过程中,应加有少许矿物油等不易挥发液体。加油要适量,浸没电极头即可,禁止加水及其他易挥发液体;禁止不加油使用,以免电极头受热不均,积热损坏。平时应注意探头有无破裂及探头内油是否外漏。

(3)LED 显示屏。本机应避免使用紫外线消毒,以防止破坏 LCD 液晶显示屏,使用过程中,应避免硬性物体磕碰、划伤,以免损坏。

　　(4)清洗注意事项。清洗本机基座时,应避免液体进入机器内部,在做实验过程中加有放射性物质时,在清洗时应格外当心。

　　(5)程序结束后,产物要及时取出。如需保存应在 10℃ 而不要在 4℃ 长期保存。

第二章　生物技术基本实验

实验一　培养基母液的制备

一、实验目的

学习和掌握培养基母液的配制方法。

二、实验原理

在配制培养基前,为了使用方便和用量准确,常常将大量元素、微量元素、铁盐、有机物质、激素类分别配制成比培养基配方需要量大若干倍的母液。当配制培养基时,只需要按预先计算好的量吸取母液即可。

三、实验材料、主要仪器和试剂

1. 主要仪器及用具

(1)万分之一天平(感量为 0.000 1 g)。

(2)千分之一天平(感量为 0.001 g)。

(3)台秤(感量 0.5 g)。

(4)烧杯(500 mL、100 mL、50 mL)。

(5)容量瓶(1 000 mL、100 mL、50 mL、25 mL)。

(6)细口瓶(1 000 mL、100 mL、50 mL、25 mL)。

(7)药勺。

(8)玻璃棒。

(9)电炉。

2. 试剂

NH_4NO_3、KNO_3、$CaCl_2 \cdot 2H_2O$、$MgSO_4 \cdot 7H_2O$、KH_2PO_4、KI、H_3BO_3、

$MnSO_4 \cdot 4H_2O$、$ZnSO_4 \cdot 7H_2O$、$Na_2MoO_4 \cdot 2H_2O$、$CuSO_4 \cdot 5H_2O$、$CoCl_2 \cdot 6H_2O$、$FeSO_4 \cdot 7H_2O$、Na_2-EDTA$\cdot 2H_2O$、肌醇、烟酸、盐酸吡哆醇(维生素 B_6)、盐酸硫胺素(维生素 B_1)、甘氨酸。

四、实验步骤

1. 大量元素母液的配制

各成分按照表 2-1 培养基浓度含量扩大 10 倍,用感量为 0.01 g 的扭力天平称取,用蒸馏水分别溶解,按顺序逐步混合。后用蒸馏水定容到 1 000 mL 的容量瓶中,即为 10 倍的大量元素母液。倒入细口瓶,贴好标签保存于冰箱中。配制培养基时,每配 1 L 培养基取此液 100 mL。

表 2-1　MS 培养基大量元素母液制备

序号	药品名称	培养基浓度/(mg/L)	扩大 10 倍称量/mg	
1	NH_4NO_3	1 650	16 500	蒸馏水
2	KNO_3	1 900	19 000	定容至
3	$CaCl_2 \cdot 2H_2O$	440	4 400	1 000 mL
4	$MgSO_4 \cdot 7H_2O$	370	3 700	
5	KH_2PO_4	170	1 700	

2. 微量元素母液的配制

MS 培养基的微量元素无机盐由 7 种化合物(除 Fe)组成。微量元素用量较少,特别是 $CuSO_4 \cdot 5H_2O$、$CoCl_2 \cdot 6H_2O$,因此在配制中分微量 I、II 配制。按照表 2-2,表 2-3 配方,用感量为 0.000 1 g 的电光分析天平称量,其他同大量元素。配制培养基时,每配制 1 L 培养基,取微量 I 10 mL,微量 II 1 mL。

表 2-2　MS 培养基微量 I 的配制

序号	化合物名称	培养基浓度/(mg/L)	扩大 100 倍称量/mg
1	$MnSO_4 \cdot 4H_2O$	22.3	2 230
2	$ZnSO_4 \cdot 7H_2O$	8.6	860
3	H_3BO_3	6.2	620
4	KI	0.83	83
5	$Na_2MoO_4 \cdot 2H_2O$	0.25	25

表 2-3 MS 培养基微量 Ⅱ 的配制

序号	化合物名称	培养基浓度/(mg/L)	扩大 1 000 倍称量/mg
1	$CuSO_4 \cdot 5H_2O$	0.025	25
2	$CoCl_2 \cdot 6H_2O$	0.025	25

注意:使用电子分析天平时注意不要把药品撒到秤盘上,用完以后,用洗耳球将天平内的脏物清理干净。

3. 铁盐母液的配制(表 2-4)

铁盐不是都需要单独配成母液,如柠檬酸铁,只需和大量元素一起配成母液即可。目前常用的铁盐是硫酸亚铁和乙二胺四乙酸二钠的螯合物,必须单独配成母液。这种螯合物使用起来方便,又比较稳定,不易发生沉淀。配制方法同上,直接用蒸馏水加热搅拌溶解。配制培养基时,配制 1 L 取此液 10 mL。

表 2-4 MS 铁盐母液的配制

序号	化合物名称	培养基浓度/(mg/L)	扩大 100 倍称量/mg
1	Na_2-EDTA	37.3	3 730
2	$FeSO_4 \cdot 7H_2O$	27.8	2 780

4. 有机母液的配制(表 2-5)

MS 培养基的有机成分有甘氨酸、肌醇、烟酸、盐酸硫胺素和盐酸吡哆素。培养基中的有机成分原则上应分别单独配制。配制直接用蒸馏水溶解,注意称量时用电子分析天平。

表 2-5 MS 培养基有机物质母液的制备

序号	化合物名称	培养基浓度/(mg/L)	扩大倍数	称量/mg	配制体积/L
1	甘氨酸	2	500	100	0.1
2	肌醇	100	200	2 000	0.1
3	盐酸硫胺素(VB_1)	0.4	1 000	40	0.1
4	盐酸吡哆素(VB_6)	0.5	1 000	50	0.1
5	烟酸	0.5	1 000	50	0.1

5. 激素母液配制

植物组织培养中使用的激素种类及含量需要根据不同的研究目的而定。一般

激素母液的配制的终浓度以 0.5 mg/mL 为好,需要注意的是:

(1)配制生长素类,例如 IAA、NAA、2,4-D、IBA,应先用少量 95％乙醇或无水乙醇充分溶解,或者用 1 mol/L 的 NaOH 溶解,然后用蒸馏水定容到一定的浓度。

(2)细胞分裂素,例如 KT,应先用少量 95％乙醇或无水乙醇加 3～4 滴 1 mol/L 的盐酸溶解,再用蒸馏水定容。

(3)配制生物素,用稀氨水溶解,然后定容。

五、结果与分析

MS 培养基贮备液的配制见表 2-6。

表 2-6　MS 培养基贮备液的配制

贮备液名称及浓缩倍数	贮备液需试剂及用量/(mg/L)		配制 1 L 培养基所需贮备液体积/mL	贮藏温度/℃
大量无机盐	NH_4NO_3	16 500	100	4
10×	KNO_3	19 000		
	$CaCl_2 \cdot 2H_2O$	4 400		
	$MgSO_4 \cdot 7H_2O$	3 700		
	KH_2PO_4	1 700		
微量无机盐	KI	166	5	4
200×	H_3BO_3	1 240		
	$MnSO_4 \cdot 4H_2O$	4 460		
	$ZnSO_4 \cdot 7H_2O$	1 720		
	$Na_2MoO_4 \cdot 2H_2O$	50		
	$CuSO_4 \cdot 5H_2O$	5		
	$CoCl_2 \cdot 6H_2O$	5		
铁盐	Na_2-EDTA	7 460	5	4
200×	$FeSO_4 \cdot 7H_2O$	5 560		
有机成分	甘氨酸	400	5	4
200×	盐酸硫胺素	80		
	盐酸吡哆醇	100		
	烟酸	100		
	肌醇	20 000		

将配置好的培养基贮备液置于冰箱内内观察 3 d,无沉淀无混浊和悬浮物即可用于培养基的制备。

六、注意事项

(1)配制大量元素母液时,某些无机成分如 Ca^{2+}、SO_4^{2-}、Mg^{2+} 和 $H_2PO_4^-$ 等在一起可能发生化学反应,产生沉淀物。为避免此现象发生,母液配制时要用纯度高的重蒸馏水溶解,药品采用等级较高的分析纯,各种化学药品必须先以少量重蒸馏水使其充分溶解后才能混合,混合时应注意先后顺序。特别应将 Ca^{2+}、SO_4^{2-}、Mg^{2+} 和 $H_2PO_4^-$ 等错开混合,速度宜慢,边搅拌边混合。

(2)$CaCl_2 \cdot 2H_2O$ 要在最后单独加入,在溶解 $CaCl_2 \cdot 2H_2O$ 时,蒸馏水需加热沸腾,除去水中的 CO_2,以防沉淀。另外,$CaCl_2 \cdot 2H_2O$ 放入沸水中易沸腾,操作时要防止其溢出。

(3)在配制铁盐时,如果加热搅拌时间过短,会造成 $FeSO_4$ 和 Na_2-EDTA 螯合不彻底,此时若将其冷藏,$FeSO_4$ 会结晶析出。为避免此现象发生,配制铁盐母液时,$FeSO_4$ 和 Na_2-EDTA 应分别加热溶解后混合,并置于加热搅拌器上不断搅拌至溶液呈金黄色(加热 $20\sim30$ min),调 pH 值至 5.5,室温放置冷却后,再冷藏。

(4)由于维生素母液营养丰富,因此贮藏时极易染菌。被菌类污染的维生素母液,有效浓度降低,并且易给后期培养造成伤害,不宜再用。避免此现象发生的方法是:配制母液时用无菌重蒸馏水溶解维生素,并贮存在棕色无菌瓶中,或缩短贮藏时间。

(5)所有的母液都应保存在 $0\sim4℃$ 冰箱中,若母液出现沉淀或霉团则不能继续使用。

七、思考题

1. 配制母液时为什么要按顺序加入各药品?溶解 $CaCl_2 \cdot 2H_2O$ 时,为什么要将蒸馏水加热?

2. 根据所给母液浓度、蔗糖、琼脂用量、pH 值,按给出的培养基配方计算各种母液吸取量,填入表 2-7。

培养基配方:MS+KT 1.0+BA 2.0+NAA 0.2+蔗糖 3%+琼脂 0.7%,pH 5.8。

表 2-7　各种母液吸取量

药品名称	母液浓度	1 L培养基母液吸取量	0.3 L培养基母液吸取量
大量元素	10 倍液		
微量元素Ⅰ	100 倍液		
微量元素Ⅱ	1 000 倍液		
铁盐	100 倍液		
有机	200 倍液		
BA	0.5 mg/mL		
KT	0.5 mg/mL		
NAA	0.5 mg/mL		
蔗糖			
琼脂			
pH 值	5.8		

八、实验流程图(图 2-1)

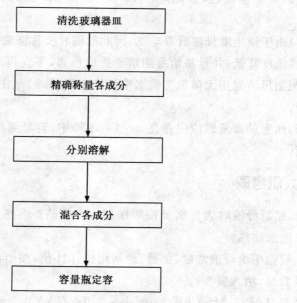

图 2-1　培养基母液的制备

实验二 培养基的配制与灭菌

一、实验目的

掌握培养基的配制和灭菌方法,了解相关注意事项。

二、实验原理

(一)培养基的配制

植物组织培养是指植物的离体细胞、组织或器官在人工培养基上的生长、维持和分化。培养基是植物细胞、组织和器官离体培养所需的营养基质,即为外植体的"土壤",其中含有植物细胞生长分化所必需的各种营养成分和生长调节物质。培养基有以下作用。

(1)提供离体培养的细胞、组织及器官生长发育、维持生命活动所需的营养。

(2)提供培养细胞的生长、发育、分裂及器官分化发育、植株建成调控的生长物质。

(3)调控培养物所需要的渗透压。

(4)保持外植体以一定的状态存在。

(5)提供诱发培养细胞发生变异或对突变体(细胞)进行选择的条件。

根据培养基的物理状态可分固体培养基(凝固剂占培养基 0.6% 以上)、液体培养基(完全不含凝固剂)、半固体液体培养基(凝固剂占培养基 0.2%～0.4%)。

(二)培养基的灭菌

培养基必须保证绝对无菌,否则因其营养丰富,细菌、真菌极易滋生而导致外植体死亡。灭菌方法有以下几种。

(1)高压灭菌法。将培养基放入高压灭菌锅内,在 121℃、108 kPa(1.1 kg/cm²)的压力下持续 20～30 min。

(2)滤过除菌法。带菌的溶液通过孔径为 0.22 μm(或更小)的微孔滤器装置后,杂菌被阻隔留在滤膜上,而溶液进入无菌空瓶内,从而达到除菌目的。此法用于不能以高温高压灭菌的培养液或酶液的除菌。

(3)表面消毒。外植体带菌是植物组织培养的污染源之一,因而外植体表面消毒十分重要。外植体的灭菌通常采用化学试剂消毒法。

三、实验材料、主要仪器和试剂

1. 主要仪器及用具

(1)万分之一电子天平。

(2)百分之一天平。

(3)磁力搅拌器及搅拌子。

(4)过滤灭菌器及微孔滤膜。

(5)电冰箱。

(6)玻璃蒸馏水器。

(7)电磁炉或微波炉。

(8)高压灭菌锅。

(9)枪形镊子。

(10)解剖刀柄及刀片。

(11)茶色磨口试剂瓶(50 mL×5,1 000 mL×5)。

(12)量筒(100 mL×2,500 mL×2)。

(13)烧杯(100 mL×5,500 mL×5,1 000 mL×1)。

(14)容量瓶(50 mL×5,1 000 mL×5)。

(15)培养皿[ø12 cm×2(内装滤纸)]。

(16)磨口试剂瓶(50 mL×5,500 mL×5)。

(17)刻度吸管(1 mL×1,2 mL×1,5 mL×3)。

(18)定性滤纸(10 cm×10 cm)。

(19)线绳。

(20)记号笔。

(21)胶圈。

(22)封口膜。

(23)洗耳球。

(24)药匙。

(25)称量纸。

(26)pH试纸。

(27)玻璃棒。

(28)卫生纸。

(29)标签纸。

2.试剂

(1)MS 培养基配方中所用化学试剂(参见表 2-1 及附录)。

(2)1 mol/L HCl。

(3)1 mol/L NaOH。

(4)蔗糖。

(5)琼脂。

3.完全培养基配方

(1)固体培养基:MS ＋ 2,4-D 2.0 mg/L ＋ KT 1.0 mg/L ＋ 蔗糖 30.0 g/L ＋ 琼脂 8.0 g/L。

(2)液体培养基:MS ＋ 6-BA 1.0 mg/L ＋ NAA 0.1 mg/L ＋ 蔗糖 30.0 g/L。

四、实验步骤

1.完全培养基的配制

(1)将实验所用的器具及玻璃器皿清洗干净。

(2)向大烧杯中加入 3/4 体积的蒸馏水(固体培养基需加入琼脂,加热至琼脂溶化),按表 2-8 依次向烧杯中加入已配制好的各贮备液、激素,充分搅拌。

(3)用 1 mol/L HCl 或 1 mol/L NaOH 调节培养基的 pH 值至 5.8。

表 2-8 配制 100 mL 培养基各贮备液用量

培养基成分	浓缩倍数或浓度	液体培养基	固体培养基
大量元素贮备液	10×	10 mL	10 mL
微量元素贮备液	200×	0.5 mL	0.5 mL
铁盐贮备液	200×	0.5 mL	0.5 mL
有机成分贮备液	200×	0.5 mL	0.5 mL
6-BA 贮备液	1 mg/mL	0.1 mL	—
NAA 贮备液	0.1 mg/mL	0.1 mL	—
2,4-D	1 mg/mL	—	0.2 mL
KT	1 mg/mL	—	0.1 mL
蔗糖	—	3 g	3 g
琼脂	—		0.7 g
pH 值	—	5.8	5.8

（4）定容。

（5）定容后，分装于三角瓶中，封口。

2.培养基的灭菌（采用高温高湿灭菌法）

（1）按要求向高压灭菌锅中加入一定量的去离子水。

（2）将待灭菌物品放入锅内（包括培养基、培养皿及接种用具、蒸馏水），盖好灭菌锅的盖子，关好放气阀及安全阀。

（3）接通电源。当压力表指针达到 $0.5~kg/cm^2$ 时打开放气阀，当有水蒸气放出时关闭放气阀；当压力表指针到达 $1.1~kg/cm^2$ 时开始计时，维持压力 $20\sim30~min$。

（4）断电后，当压力表指针降至 $0.5~kg/cm^2$ 以下时方可打开放气阀，指针回零后打开锅盖取出物品，放入培养室备用。

3.用具的灭菌

将镊子、100 mL 小烧杯、1.5 ml 离心管、纱布、研钵、研棒、漏斗、研磨缓冲液、清洗缓冲液、带滤纸的培养皿分别用报纸包好，100 mL 蒸馏水与培养基一起进行灭菌。

五、结果与分析

将灭菌后的培养基置于培养室内观察 3 d，无杂菌滋生即可用于外植体的接种。

六、注意事项

（1）实验中所用的各种容器一定要洗净、烘干。

（2）配制培养基及贮备液时一定要用无离子水或蒸馏水，化学药品必须用分析纯试剂。

（3）配制培养基贮备液时，必须按顺序称取，依次溶解，否则容易发生沉淀。

（4）各种贮备液应保存在 $2\sim4$℃的冰箱中，以免变质、长霉；使用贮备液之前一定要仔细观察是否有沉淀或霉变的情况发生，如有一定要重新配制。

（5）用高压灭菌锅时，必须要先检查一下其中的水是否适当。

七、思考题

1.液体培养基是如何灭菌的？

2.液体培养基和固体培养基的最主要区别是什么？

八、实验流程图(图 2-2)

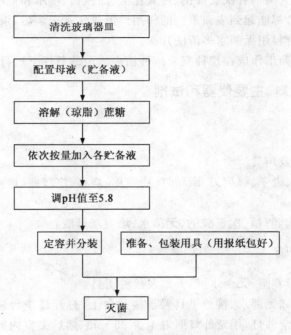

图 2-2　培养基的配制和灭菌实验流程

实验三　培养材料灭菌和接种

一、实验目的

　　培养材料的灭菌与接种是组织培养过程中一个重要的环节。通过本实验,领会无菌培养对实验材料消毒、接种的要求,初步掌握培养材料灭菌、接种的操作技术。

二、实验原理

　　灭菌是指杀灭一切活的微生物。而消毒则是指杀灭病原微生物和其他有害微生物,但并不要求清除或杀灭所有微生物(如芽孢等)。灭菌和消毒都必须能杀灭所有病原微生物和其他有害微生物,达到无菌的要求。

经常使用的灭菌剂有次氯酸钠、过氧化氢、漂白粉、溴水和低浓度的氯化汞等。使用这些灭菌剂,都能起到表面杀菌的作用。但氯化汞灭菌后,汞离子在材料上不易去掉,必须将材料用无菌水多清洗几次。

外植体的灭菌工作应在接种室或接种箱内无菌的条件下进行。

三、实验材料、主要仪器和试剂

1.实验材料

菊花茎尖。

2.主要仪器及用具

超净工作台、镊子、解剖刀、酒精灯、脱脂棉、烧杯、广口瓶、培养皿。

3.试剂

0.1% $HgCl_2$、酒精、次氯酸钠、无菌水、培养基母液。

四、实验步骤

(1)准备好培养基、无菌水、培养皿及接种工具。

(2)将培养基、无菌水、接种工具置于接种台上,打开超净台紫外灯开关,同时打开接种室内的紫外灯,用紫外灯照射至少 25 min,然后关室内的紫外灯,开送风开关,关闭台内的紫外灯,通风 10 min 后,再开日光灯进行无菌操作。

(3)接种前用肥皂洗手,特别是将手指洗净,然后用蘸有 75% 酒精的棉球把手消毒一次。

(4)将菊花茎尖在流水下冲洗干净。

(5)将菊花茎尖拿到超净工作台上。

(6)将菊花茎尖置于灭过菌的小烧杯中,用 75% 的酒精溶液浸泡 30 s,无菌水冲洗,然后用 0.1% 升汞溶液(加入吐温 2 滴)浸泡 3 min、5 min、10 min,期间不断摇动溶液,用无菌水洗涤 5 遍待用。

(7)解除三角瓶上捆扎的线绳,有必要的话可以用蘸有 75% 的酒精的棉球把三角瓶表面擦一下,把三角瓶按培养基处理整齐排列在接种台左侧,然后用 75% 酒精擦洗接种台表面。

(8)接种用的镊子使用前插入 95% 的乙醇溶液中,使用镊子时在酒精灯上烧片刻,冷却后待用。也可以插入培养基边缘促使其冷却。

(9)在酒精灯火焰旁揭去封口膜,将瓶口倾斜接近水平方向,用火焰灼烧瓶口,灼烧时应不断转动瓶口(靠手腕的动作,使试管口沾染的少量菌得以烧死),左手持瓶,使其靠近火焰,右手将烧过的镊子触动培养基部分,使其冷却,夹取菊花茎尖,将其放在培养基上,用镊子轻轻按一下,使其部分浸入培养基。每瓶可放 4～6 个外植体。

(10)转动瓶口灼烧,将封口膜从酒精灯火焰上过一下,盖上封口膜,扎好绳子,标上接种日期、材料名称、姓名等。

(11)将接种材料移到培养室培养。

五、结果与分析

接种后污染调查:观察接种后 2～5 d 的污染情况,填入表2-9。

表 2-9　培养材料接种后的污染情况

观察日期

接种日期	接种数	污染数	污染率	主要污染菌种

注:污染率＝(污染的外植体数/总接种外植体数)×100％。

如果培养材料大部分发生污染,说明消毒剂浸泡的时间短;若接种材料虽然没有污染,但材料已发黄,组织变软,表明消毒时间过长,组织被破坏死亡;接种材料若没有出现污染,生长正常,即可以认为消毒时间适宜。

六、注意事项

(1)从室外取得材料,要用自来水冲洗数分钟,对表面不光滑或长有绒毛等结构不容易洗净的材料,冲洗时间要长,必要时要用毛刷刷洗。

(2)外植体消毒剂的选择要综合考虑消毒效果、不同材料对灭菌剂的耐受力、灭菌剂的去除等因素,最好选用两种消毒剂交替浸泡,初次实验灭菌时间要设置一定的时间梯度来确定最佳的灭菌时间。常用的消毒剂的见表2-10。

(3)工作台接种时,应尽量避免做明显扰乱气流的动作(比如说、笑、打喷嚏),以免影响气流,造成污染。另外,操作过程中要不时用75％的酒精擦拭双手。

表 2-10　常用的消毒剂

消毒剂名称	使用浓度/%	消毒难易	灭菌时间/min	消毒效果
乙醇	70～75	易	0.1～3	好
氯化汞	0.1～0.2	较难	2～15	最好
漂白粉	饱和溶液	易	5～30	很好
次氯酸钙	9～10	易	5～30	很好
次氯酸钠	2	易	5～30	很好
过氧化氢	10～12	最易	5～15	好

（4）接种前培养基出现大量污染现象,若菌类只存在于培养基表面,且主要是真菌时,可能是因培养瓶密封不严或放置培养基的环境不洁净,菌类种群密度过大所致。若菌类存在于培养基内部,则可能是由使用污染的贮藏母液引起。另外,培养瓶不洁净,灭菌不彻底也是导致接种前培养基污染的原因。避免此现象发生的方法是:保持环境洁净,杜绝使用污染的母液,严格高压蒸汽灭菌程序,保证灭菌时间。

（5）接种后培养基出现大面积污染、菌落分布不匀,此种情况主要是接种过程中发生的污染所致。可能是接种室不洁净、菌类孢子过多、镊子带菌、操作人员手未彻底消毒、操作人员呼吸及超净工作台出现故障等原因引起。避免此现象发生的方法是:保持无菌接种室洁净,并定期用甲醛等熏蒸灭菌;在接种前无菌室用紫外灯灭菌时间不低于 20～30 min;用 75% 酒精喷雾杀菌降尘,超净台开启 15～20 min 后方可使用;镊子等接种工具严格彻底灭菌,且接种时使用 1 次灭菌 1 次;操作过程中经常用 75% 酒精等消毒剂擦拭手部等措施。

（6）接种后外植体周围发生菌类污染可能因外植体表面灭菌不彻底所致。解决方法是:外植体用饱和洗涤剂浸泡 10～15 min,自来水冲洗 0.5～2 h 后,再选择适宜的灭菌剂消毒,一般用 0.1%～0.2% 升汞灭菌最好。对于一些凹凸不平或有绒毛的外植体采用灭菌剂中加"吐温-80"等湿润剂的办法,增加其渗透性,以提高杀菌效果。

七、思考题

1.外植体用消毒剂消毒后,为什么要用无菌水漂洗? 有时候会在消毒溶液中加入 1～2 滴的表面活性物质,例如吐温-80 或吐温-20,为什么?

2.在接种过程中,通过哪些措施来防止细菌对接种工具、接种材料的污染?

3. 对外植体表面消毒时为什么常用"两次消毒法"?

八、实验流程图(图 2-3)

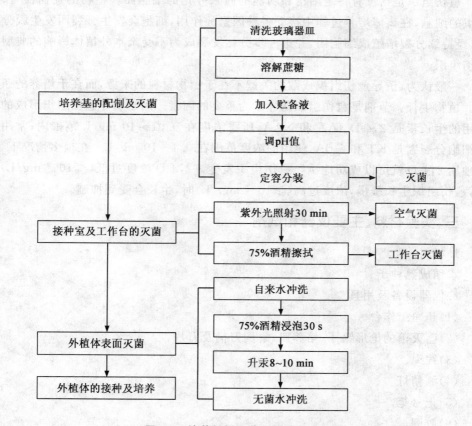

图 2-3 培养材料灭菌和接种实验流程

实验四　植物胚愈伤组织的诱导

一、实验目的

了解成熟胚愈伤组织的诱导方法;掌握无菌操作、外植体的灭菌及接种技术;观察愈伤组织的发生过程及愈伤组织的细胞特征。

二、实验原理

愈伤组织是指没有特定结构和功能的尚未分化的细胞团。植物的任何器官、组织的细胞,在离体培养过程中接受各种因素的作用,细胞会发生分裂而发生脱分化,经持续分裂增殖成细胞团,并进一步分化发展成为不受亲本外植体影响的典型愈伤组织。

一般认为,诱导愈伤组织成败的关键不在于植物材料的来源,而在于培养的条件。植物生长调节剂是愈伤组织诱导极为重要的因素。用于诱导愈伤组织形成的常用的生长素是 2,4-D、IAA 和 NAA,所需浓度在 0.01~10 mg/L 范围内;常用的细胞分裂素是 KT 和 6-BA,使用的浓度范围在 0.1~10 mg/L。在很多情况下,单独用 2,4-D 就可以成功地诱导愈伤组织发生。2,4-D 浓度过低($\leqslant 10^{-9}$ mg/L)时,愈伤组织生长缓慢,浓度过高($\geqslant 10^{-3}$ mg/L)时,生长会受到抑制。

三、实验材料、主要仪器和试剂

1. 材料

水稻成熟种子。

2. 仪器设备及用具

(1)超净工作台。

(2)已灭菌的枪形镊子、培养皿、解剖刀柄及刀片。

(3)线绳。

(4)酒精灯。

(5)记号笔。

(6)胶圈。

(7)脱脂棉球。

(8)玻璃棒。

3. 试剂

(1)已灭菌的培养基、蒸馏水。

(2)70%~75% 酒精。

(3)0.1% 氯化汞(升汞)。

四、实验步骤

(1)接种室消毒。将实验所用已灭菌的培养基、培养皿、镊子及无菌水放入接种室,打开紫外灯,照射 30 min,对接种室进行空气杀菌。关闭紫外灯,同时打开工作台的风机,30 min 后才可进入进行接种工作。

(2)进入接种室后,首先用 75% 的酒精对工作台台面及四周进行表面杀菌,过 2~5 min 后点燃酒精灯,将实验要用的培养皿、镊子、100 mL 小烧杯用点燃的酒精棉球灼烧。

(3)外植体的表面杀菌。

①将脱去谷壳、具完整胚的水稻种子用流动的自来水冲洗 30 min。

②将水稻种子取出放入灭过菌的小烧杯中,倒入 75% 的酒精浸泡 30~60 s。

③倒掉酒精,倒入 0.1% 的氯化汞并不时搅动 8~10 min。

④弃去氯化汞,用无菌水冲洗 3~4 次,每次冲洗时要搅拌。

⑤将灭菌后的水稻种子放入装有无菌滤纸的培养皿中,吸去多余的水分。

(4)将水稻种子接入培养基中,注意使胚朝上,每瓶中接种数为 5 粒。在瓶上注明接种日期、接种人。在 25℃黑暗或弱光条件下进行培养。

五、结果与分析

培养 21~30 d 后,调查计算污染率及愈伤组织的诱导率。

$$污染率 = \frac{污染的水稻种子数}{接种的水稻种子数} \times 100\%$$

$$诱导率 = \frac{形成愈伤组织的种子数}{接种的未污染的种子数} \times 100\%$$

六、注意事项

(1)植物组织培养要求在无菌条件下进行,因而在实验中一定要注意实验所用的器具要经过灭菌。

(2)实验中不能用手直接接触材料、器具等,要用灭菌的镊子夹取所需物品。

(3)在用火灼烧器具时一定要注意远离装有酒精的广口瓶。

七、思考题

1.真菌和细菌污染菌落形态有何不同?

2.简述组织培养中常用的灭菌方法及原理。

八、实验流程图(图 2-4)

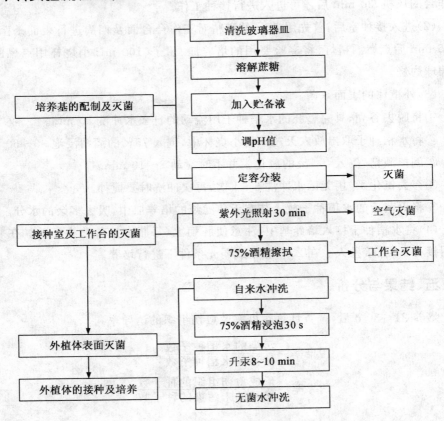

图 2-4 成熟胚愈伤组织诱导实验流程

实验五 愈伤组织的继代与分化

一、实验目的

掌握愈伤组织继代培养技术,了解愈伤组织的分化过程,观察体细胞胚胎发生现象。

二、实验原理

植物细胞全能性是指每个植物细胞都具有该物种的全部遗传信息,在适宜条件下能发育成完整的植物个体的能力。

全能性只是一种可能性,要实现这种可能性必须满足两个条件:①具有较强全能性的细胞从植物组织抑制性影响下解脱出来,使其处于独立发育的离体条件下;②赋予离体细胞一定刺激,即包括营养物质、植物激素、光周期、温度、酸碱度等。

不同外植体脱分化的难易程度有差异,一般双子叶植物比单子叶及裸子植物容易;二倍体种子植物,无论茎、叶、花等部位皆易发生脱分化,特别是形成层和薄壁细胞容易诱导愈伤组织。愈伤组织通过继代培养可以长期保持。在继代培养中,培养体对植物激素的要求逐代减弱,经多代培养后,在不添加生长素的培养基上培养物仍能继续生长。但愈伤组织的分化能力,随继代培养的代数增加而有所下降。

愈伤组织在同一培养基上培养时间过长会衰老,这主要是由于以下几个原因:①愈伤组织细胞发生分化;②产生了有害代谢产物;③营养不足或失调;④诱导和维持细胞分裂的激素不足或比例发生变化。防止愈伤组织衰老有不同的方法,较常用的是更换新的培养基和切割愈伤组织。

三、实验材料、主要仪器和试剂

1.材料

诱导得到的水稻愈伤组织。

2.主要仪器及用具

同实验四。

3.试剂

同实验四。

4.培养基配方

继代培养基:MS+2,4-D 2.0 mg/L+KT 0.5 mg/L+蔗糖 30.0 g/L+琼脂 7.0 g/L。

分化培养基:MS+6-BA 2.0 mg/L+NAA 0.2 mg/L+蔗糖 30.0 g/L+琼脂 7.0 g/L。

四、实验步骤

1.完全培养基的配制及灭菌

同实验四。各试剂用量见表 2-11。

表 2-11　配制 100 mL 培养基各种贮备液用量

培养基成分	浓度	继代培养基	分化培养基
大量元素贮备液	10×	10 mL	10 mL
微量元素贮备液	200×	0.5 mL	0.5 mL
有机成分贮备液	200×	0.5 mL	0.5 mL
铁盐贮备液	200×	0.5 mL	0.5 mL
2,4-D	1 mg/mL	0.2 mL	—
KT	1 mg/mL	0.1 mL	—
6-BA	0.5 mg/mL	—	0.4 mL
NAA	0.1 mg/mL	—	0.2 mL
蔗糖		3.0 g	3.0 g
琼脂		0.7 g	0.7 g
pH 值		5.8	5.8

注:注意将两种培养基做好标记以区分。

2.接种与观察

(1)接种室及工作台的灭菌。同实验四。

(2)愈伤组织的继代。从诱导培养基中取出产生愈伤组织的种子,用镊子和解剖刀将胚乳和幼芽拔净,将生长旺盛的愈伤组织部分接种于继代培养基中,每瓶5块。愈伤组织大小 3 mm² 为宜。在瓶上注明日期、接种人后放入培养室,培养温度为 24~26℃。

(3)愈伤组织的分化。挑选淡黄色、结构致密的新鲜愈伤组织,接种于分化培养基中,每瓶5块。愈伤组织大小 3~5 mm² 为宜。在瓶上注明日期、接种人后放入培养室,温度 24~26℃,光照强度 3 000 lx,光周期 16 h。1个月后调查分化率。

五、结果与分析

1.分化率的计算

$$分化率 = \frac{分化植株的愈伤块数}{接种的总愈伤块数} \times 100\%$$

2.体细胞胚胎发生现象的观察

挑选淡黄色、结构致密的新鲜愈伤组织,置于干净的培养皿中,在立体解剖镜下观察各个时期的水稻体细胞胚,如球形胚,胚根、胚芽分化期胚、成熟胚等。

六、注意事项

(1)继代培养时要把愈伤组织周围的种皮、幼芽等剥离干净,并对其进行切割。

(2)在继代培养时愈伤组织块的大小在 $2\sim3~mm^2$,在进行分化培养时愈伤组织块可大一些,以利于分化的进行。

(3)在实验中注意无菌操作,避免污染的发生。

(4)对于 IAA、ZT 及某些维生素等遇热不稳定的生物活性物质,不能进行高压蒸汽灭菌,而必须采用过滤方法灭菌。

七、思考题

1.简述分析实验中污染的种类及可能的污染途径?

2.简述植物生长调节物质在细胞脱分化、分化中的作用?

八、实验流程图(图 2-5)

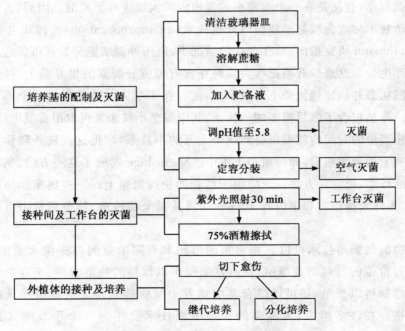

图 2-5 愈伤组织的继代与分化实验流程

实验六　植物分生组织培养快速繁殖

一、实验目的

学习并掌握植物快速无性繁殖技术。

二、实验原理

植物的快速无性繁殖是指在离体培养条件下,将来自优良植株的茎尖、腋芽、叶片、鳞片等各种器官、组织和细胞进行无菌培养,经过不断地切割繁殖,使其再生形成完整植株,在短期内获得大量遗传性均一的个体的方法。进行植物的快速无性繁殖时,繁殖体的大量增殖多是通过不断地切割培养形成的芽或芽丛,切割成具有顶芽或腋芽的微小枝条,扦插在培养基中进行快速繁殖,与常规的扦插技术相比繁殖体微型化,且又是在一个非常小的范围内来大量进行繁殖的。因而,人们又把这种繁殖技术称之为微繁殖或微体繁殖技术(micropropagation)。1958 年,Wickson 和 Thimann 研究指出,顶芽存在的情况下,应用外源细胞分裂素可促进处于休眠的腋芽生长。这意味着当把茎尖接种在含有细胞分裂素的培养基上,可使腋芽解除休眠状态并从顶端优势下解脱出来,使存在于茎尖上腋芽形成一个郁郁葱葱的芽丛。芽丛包含了数目很多的小枝条,其中每个小枝条又可取出重复上述过程,于是在相当短的时间内就可以得到成千上万的小枝条,当把这些枝条转移到另一种培养基上诱导生根后,即可植于土壤中。Murashige 发展了这一方法,制定了一系列标准程序,把这一方法广泛应用于植物的快速繁殖上。一些国家和地区的观赏植物、无性繁殖作物和果树有 40%~80%甚至全部种苗、种薯都是由组培繁殖提供的。

植物的微繁殖技术可以在相对短的时间和有限的空间内提供大量的植株,可以使有价值的材料迅速增殖,使有性繁殖难以保持的特定杂种、不育系和不易繁殖的作物得以繁殖,还可以结合茎尖培养去除病毒获得无病毒植株及挽救濒危的植物。在许多国家,无毒苗的快速微繁技术已作为一个环节纳入到生产过程。

三、实验材料、主要仪器及试剂

1. 材料

菊花茎段。

2. 主要仪器及用具

同实验二、实验四。

3. 试剂

同实验二、实验四。

4. 培养基配方

分化培养基：MS＋6-BA 0.5 mg/L＋NAA 0.2 mg/L＋蔗糖 30.0 g/L＋琼脂 7.0 g/L。

生根培养基：MS＋NAA 0.2 mg/L＋蔗糖 30 g/L＋琼脂 7.0 g/L。

四、实验步骤

1. 完全培养基的配制及灭菌

方法同实验二，各试剂用量见表 2-12。

表 2-12　配制 100 mL 培养基各种贮备液用量

培养基成分	浓度	分化培养基	生根培养基
大量元素贮备液	10×	10 mL	10 mL
微量元素贮备液	200×	0.5 mL	0.5 mL
有机成分贮备液	200×	0.5 mL	0.5 mL
铁盐贮备液	200×	0.5 mL	0.5 mL
6-BA	0.5 mg/mL	0.1 mL	
NAA	0.1 mg/mL	0.2 mL	0.2 mL
蔗糖	—	3.0 g	3.0 g
琼脂	—	0.7 g	0.7 g
pH 值	—	5.8	5.8

2. 接种与观察

(1)接种室及工作台的灭菌。同实验四。

（2）外植体表面灭菌。选取生长健壮的菊花茎段，去掉叶片后用流动的自来水冲洗 30～60 min。在超净工作台上将茎段放入灭过菌的小烧杯中，倒入 75％的酒精浸泡 30～60 s，倒掉酒精，倒入 0.1％的氯化汞并不时搅动，8～10 min 后弃去氯化汞，用无菌水冲洗 3～4 次，每次冲洗时要搅拌，将灭菌后的茎段放入装有无菌滤纸的培养皿中，吸去多余的水分。用解剖刀切菊花茎段，使每个茎段上带有 1 个腋芽即可，将其放入分化培养基上，注意保持其原来的极性，每瓶中接种数为 1 个外植体。在瓶上注明接种日期、接种人。在温度 25℃、光照强度 2 000 lx、光周期 16 h 条件下进行培养。1 个月左右可形成丛生芽。

（3）增殖培养。在形成丛生芽后，于无菌条件下分离丛生芽，切除叶片后转移到新鲜的增殖培养基中，每个小芽都能迅速发育成新的丛生芽，它又可以再分割，再产生一批新的丛生芽。在温度 25℃、光照强度 2 000 lx、光周期 16 h 条件下进行培养。

（4）生根培养。继代培养获得的无根不定芽，将其切割成单个的芽，转入生根培养基中诱导生根。在温度 25℃、光照强度 2 000 lx、光周期 16 h 条件下进行培养。在培养 21 d 后可形成良好根系，即可进行移栽。

五、结果与分析

$$污染率 = \frac{污染的茎尖数}{接种的茎尖数} \times 100\%$$

$$增殖系数 = \frac{培养 21 \text{ d 后形成的小植株数}}{最初接种的丛芽数}$$

$$生根率 = \frac{生根的小植株数}{接种的不定芽数} \times 100\%$$

六、注意事项

（1）实验用茎段用流动的自来水冲洗 30～60 min 后，在超净工作台上进行灭菌。

（2）用升汞进行灭菌时，要注意控制时间，不能过长，灭菌后要用无菌水反复冲洗茎段，以避免升汞在外植体上残留。

（3）接种时要注意外植体放置的方向与生理极性相符。

七、思考题

1. 与传统繁殖比较,植物离体快繁的优势有哪些?

2. 植物离体快速繁殖的技术关键有哪些?

八、实验流程图(图 2-6)

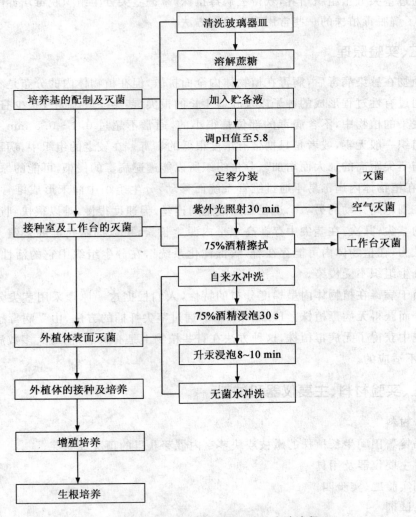

图 2-6 植物组织培养快速繁殖实验流程

实验七　植物脱毒培养技术

一、实验目的

通过茎尖分生组织培养，获得去病毒植株，掌握茎尖分生组织脱毒培养的一般方法，了解脱毒植株的一些常用病毒检测方法。

二、实验原理

植物在感染病毒后，病毒在植物体内全面扩散，但在植物体内的分布是不均匀的。通过有性过程形成的种子以及旺盛生长的根尖、茎尖一般都无或很少有病毒。在受侵染的植物中，不含病毒的部位是很小的，通常不超过 0.1～0.5 mm。顶端分生组织一般无毒，或者是只携带有浓度很低的病毒。在较老的组织中，病毒数量随着与茎尖距离的加大而增加。分生组织所以能逃避病毒的侵染，可能的原因是：首先，在植物体内病毒易于通过维管系统而移动，分生组织中尚未形成维管系统；病毒在细胞间移动的另一个途径是通过胞间连丝，但速度很慢，难以很快到达活跃生长的茎尖；其次，在茎尖中存在高水平内源生长素，可以抑制病毒的繁殖。还有观点认为，在植物体内可能存在着"病毒钝化系统"，在分生组织中它的活性最高，因而分生组织不受侵染。

由于病毒在植物体内呈梯度分布的特性，人们根据这一原理采用茎尖分生组织培养而获得无病毒植株。Holmes(1948)通过茎尖扦插的方法，由受病毒感染的大丽花中获得了无病毒植株，这种方法在有些植物上是有效的，但对大多数病毒来讲，是不适应的。

三、实验材料、主要仪器和试剂

1. 材料

马铃薯田间生长植株的嫩枝或块茎室内催芽获得的顶芽或侧芽。

2. 主要仪器及用具

同实验二、实验四。

3. 试剂

同实验二、实验四。

4.培养基配方

诱导培养基:MS+2,4-D 2.0 mg/L+BA 2.0 mg/L+蔗糖 30 g/L+琼脂 7.0 g/L。

增殖培养基:MS+NAA 0.5 mg/L+BA 3.0 mg/L+蔗糖 30 g/L+琼脂 7.0 g/L。

生根培养基:MS+NAA 0.2 mg/L+蔗糖 30 g/L+琼脂 7.0 g/L。

四、实验步骤

1.完全培养基的配制及灭菌

方法同实验二。各试剂用量见表 2-13。

表 2-13 配制 100 mL 培养基各种贮备液用量

培养基成分	浓度	诱导培养基	增殖培养基	生根培养基
大量元素贮备液	10×	10 mL	10 mL	10 mL
微量元素贮备液	200×	0.5 mL	0.5 mL	0.5 mL
有机成分贮备液	200×	0.5 mL	0.5 mL	0.5 mL
铁盐贮备液	200×	0.5 mL	0.5 mL	0.5 mL
2,4-D	1 mg/mL	0.2 mL		
6-BA	0.5 mg/mL	0.4 mL	0.6 mL	
NAA	0.1 mg/mL		0.5 mL	0.2 mL
蔗糖	—	3.0 g	3.0 g	3.0 g
琼脂	—	0.7 g	0.7 g	0.7 g
pH 值	—	5.8	5.8	5.8

2.接种与观察

(1)接种室及工作台的灭菌。同实验四。

(2)外植体的接种及培养。切取 1~2 cm 长的顶芽或侧芽,先用肥皂水洗净,再用 0.1% 的升汞消毒 8~12 min,后用无菌水冲洗 4~5 次。把消毒好的材料置于 10~40 倍的解剖镜下,用无菌刀片去掉生长点外围的叶片,直到露出晶莹发亮的光滑圆顶。用解剖刀切取带有 2~4 个叶原基的生长点,接种在备好的培养基上。接种后的茎尖分生组织放在恒温光照条件下培养,一般经过 3 个月左右可形成不定苗。

(3)增殖培养。茎尖分生组织产生的不定苗长到 6～7 片叶时,可先进行适当扩大繁殖。即在无菌条件下,将不定苗切割成带有 1～2 片叶子的小段,插入新鲜培养基中,可形成新的不定苗。

(4)生根培养。增殖培养获得的无根不定苗,当同一小植株繁殖达到 20 株左右时将其切割成单个的苗,转入生根培养基中诱导生根。在温度 25℃、光照强度 2 000 lx、光周期 16 h 条件下进行培养。在培养 21 d 后可形成良好根系,即可进行移栽。

3. 病毒鉴定

电子显微镜鉴定法。用电镜直接观察经过脱毒培养的叶片,检查是否有病毒粒子的存在,还可以测量病毒颗粒的大小、形状和结构。

4. 无病毒植株的繁殖

经过病毒鉴定后,确认已除去病毒的试管苗即可用来进行扩大繁殖。

五、结果与分析

(1)每周观察一次茎尖,记录培养物的变化。

(2)观察茎尖分生组织在不同培养基中的生长分化情况,并记录其诱导形成不定苗的数量。

(3)电镜检查时,观察视野内有无病毒粒子。若有,记录病毒粒子的形状及数量。

六、注意事项

(1)接种茎尖动作要快、轻,以防破坏茎尖或茎尖干枯。

(2)将茎尖接种到培养基表面,不要过深。

(3)接种针火焰消毒后要冷却,方可挑取茎尖,以免烫伤茎尖。

(4)接种针火焰消毒后不要碰其他器皿和茎尖操作区外的其他植物部分,以免污染。

七、思考题

1. 如何用指示植物鉴定病毒?

2. 为什么可以用组织培养的方法培养出无毒植株?

八、实验流程图(图 2-7)

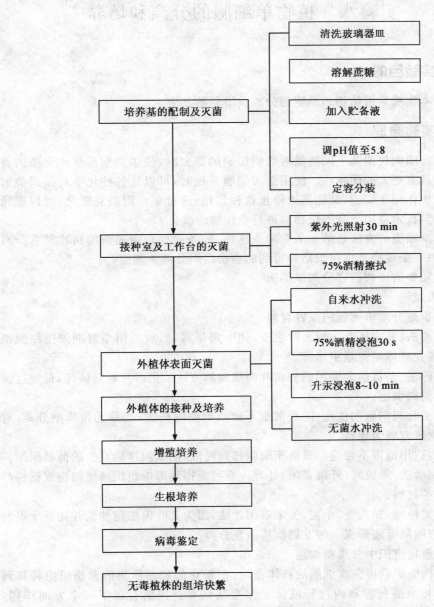

```
                                          ┌─────────────────┐
                                          │   清洗玻璃器皿    │
                                          └─────────────────┘
                                          ┌─────────────────┐
                                          │    溶解蔗糖      │
                                          └─────────────────┘
┌─────────────────────┐                  ┌─────────────────┐
│  培养基的配制及灭菌    │─────────────────│   加入贮备液      │
└─────────────────────┘                  └─────────────────┘
                                          ┌─────────────────┐
                                          │  调pH值至5.8     │
                                          └─────────────────┘
                                          ┌─────────────────┐
                                          │    定容分装      │
                                          └─────────────────┘
┌─────────────────────┐                  ┌─────────────────┐
│  接种室及工作台的灭菌  │─────────────────│  紫外光照射30 min │
└─────────────────────┘                  └─────────────────┘
                                          ┌─────────────────┐
                                          │   75%酒精擦拭    │
                                          └─────────────────┘
                                          ┌─────────────────┐
                                          │    自来水冲洗     │
                                          └─────────────────┘
                                          ┌─────────────────┐
                                          │  75%酒精浸泡30 s │
                                          └─────────────────┘
┌─────────────────────┐                  ┌─────────────────┐
│    外植体表面灭菌      │─────────────────│  升汞浸泡8~10 min │
└─────────────────────┘                  └─────────────────┘
┌─────────────────────┐                  ┌─────────────────┐
│   外植体的接种及培养   │                  │   无菌水冲洗      │
└─────────────────────┘                  └─────────────────┘
┌─────────────────────┐
│     增殖培养         │
└─────────────────────┘
┌─────────────────────┐
│     生根培养         │
└─────────────────────┘
┌─────────────────────┐
│     病毒鉴定         │
└─────────────────────┘
┌─────────────────────┐
│  无毒植株的组培快繁    │
└─────────────────────┘
```

图 2-7　植物脱毒培养技术实验流程

实验八　植物单细胞的分离和培养

一、实验目的

通过本实验掌握植物单细胞的分离及培养的方法。

二、实验原理

在进行细胞代谢及不同物质对细胞影响的研究时,使用细胞系统比完整的器官或植株具有更大的优越性。使用游离细胞系统时,可以让各种化学药品或放射性物质很快作用于细胞,又能迅速停止这种作用;通过单细胞的克隆化,可以把微生物遗传学技术应用于高等植物以进行农作物的改良。

分离单细胞的方法总结起来有两条途径:一条途径是由完整的植物器官分离单细胞;另一条途径是由组织培养得到的愈伤组织分离单细胞。

1.由完整的植物器官分离单细胞

(1)机械法

叶组织是分离单细胞的最好材料。

①刮离法:其方法是先撕去叶表皮,使叶肉暴露,然后再用小解剖刀把细胞剖下来,直接在液体培养基中培养。

②研碎法:是目前多采用的分离叶肉细胞的方法。把叶片轻轻研碎,低速过滤离心获得游离细胞。

机械法分离细胞的优点:一是细胞不致受到酶的伤害;二是无须质壁分离,对生理、生化研究较为理想。

缺点:适用范围不普遍。只适于细胞排列松散、细胞间接触点少的薄壁组织。

(2)酶解法:果胶酶(纤维素酶)处理。有可能得到海绵组织薄壁细胞或栅栏薄壁细胞的纯材料。

禾谷类植物,如大麦、小麦、玉米难用此法,因为其叶肉细胞伸长并在若干点发生收缩,细胞间可能形成一种互锁结构阻止分离。

2.由愈伤组织中分离单细胞

由愈伤组织获得游离细胞的具体做法:把粉化的和易散集的愈伤组织转移到三角瓶或其他适宜容器内进行液体悬浮振荡培养。振荡有以下三个方面作用:①对细胞团施加一种缓和的压力,使它们破碎成小细胞团和单细胞。②使单细胞和小细胞团在培养基中均匀分布。③促进培养基和容器内空气之间气体交换。

优点:不受酶损伤,适于所有植物,活性高。

三、实验材料、主要仪器和试剂

1. 材料

60～80 日龄的烟草。也可用菠菜、油菜代替。

2. 主要仪器及用具

(1)研钵。

(2)眼科镊。

(3)解剖剪刀。

(4)尼龙网(2 层细纱布或的确良布)。

(5)离心机(离心管)。

(6)摇床。

(7)真空泵。

(8)红血球计数板。

3. 试剂

(1)70％～75％ 酒精。

(2)0.4％～0.5％ $NaClO_3$。

(3)无菌水。

(4)研磨缓冲液:20 mmol/L 蔗糖,10 mmol/L $MgCl_2$,20 mmol/L Tris-HCl(pH 7.8)。

(5)清洗培养基(CPW 液)(见附录Ⅴ)。

(6)MS 培养基。

(7)0.5％ 离析酶。

(8)0.8％ 甘露醇。

(9)1％ 硫酸葡聚糖钾。

四、实验步骤

1. 培养基的制备(同实验二)

2. 机械法

(1)称取 2 g 烟草叶片,在 70％～75％ 酒精中一过,再以 0.4％～0.5％ 次氯酸钠灭菌 10～15 min。无菌水冲洗 3～5 次。

(2)把叶片剪成小块放入研钵中,加入 20 mL 研磨缓冲液轻轻研磨。

(3)研磨成匀浆后用尼龙网(两层细纱布或的确良布)过滤。

(4)将滤液放入灭菌离心管中,在 1 000 r/min 下离心 3 min,弃沉淀留上清液

（上清液中含游离细胞，没分离开的细胞团沉淀在离心管底）。

（5）将上清液转入另一灭菌离心管中，在 2 000 r/min 下离心 3 min，弃上清液留沉淀（上清液中是细胞碎片，细胞沉淀于离心管底部）。

（6）把细胞悬浮在 50 mL 的 KM8P 或清洗培养基中。

（7）用红血球计数板进行细胞计数，计算所分离的单细胞浓度。

（8）在超净工作台上将分离的单细胞接种到液体培养基中。

3. 酶解法

（1）由 60~80 日龄的烟草植株上取叶片，表面消毒，先在 70%~75% 酒精中一过，再以 0.4%~0.5% 次氯酸钠溶液消毒 10~15 min。

（2）消毒后的叶片用无菌水冲 3~5 次，再用眼科镊撕去下表皮。

（3）用解剖刀将撕去下表皮的叶片切成小块（1 cm³）。

（4）把 2.0 g 切好的叶片置于一个灭好菌的三角瓶中，瓶内装 20 mL 含 0.5% 离析酶、0.8% 甘露醇、1% 硫酸葡聚糖钾的 CPW 液。

（5）用真空泵抽气 5 min，使酶液充分渗入组织。

（6）将三角瓶置于往复式摇床上，速度 120 r/min，振幅 4~5 cm，温度 23~25℃，2 h。

（7）振荡期，每隔 30 min 离心 1 次，第一次 600 r/min 离心 5 min，换掉酶液；第二次 600 r/min 离心 5 min，得到含海绵组织细胞的悬液；第三次、第四次离心，得到含栅栏组织细胞的悬液。

（8）用红血球计数板进行细胞计数，计算所分离的单细胞浓度。

五、结果与分析

无论采用机械法还是酶解法分离单细胞，进行细胞计数时显微镜载物台要水平，然后依次查红血球计数板中央大方格内 25 个中方格内的细胞数，然后依据下式求每毫升溶液中的细胞数。

1 mL 悬液中细胞数＝1 个大方格悬浮液（0.1 mm³，即 0.1 μL）细胞
$$数 \times 10 \times 1\ 000$$

六、注意事项

（1）分离单细胞过程中要注意保持无菌，使用灭过菌的容器和试剂。

（2）条件允许最好在超净工作台上和无菌室内操作。

七、思考题

1. 为何要分离单细胞？分离单细胞的方法有哪些？

2. 如何对分离细胞进行计数？换算公式是什么？

3. 高等植物细胞培养有何重要意义？

4. 细胞培养后常出现哪些脱分化情况？

八、实验流程图(图 2-8)

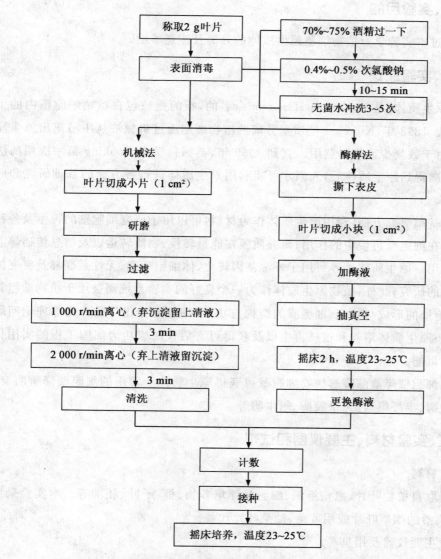

图 2-8 植物单细胞的分离(机械法、酶解法)和培养流程

实验九　植物原生质体的分离和培养

一、实验目的

通过本实验学习植物细胞原生质体的分离及注意事项。

二、实验原理

"原生质体"是 1880 年由 Hanstein 命名的,指的是被包在植物细胞壁内的生活物质。1892 年,Klercker 把质壁分离的植物细胞通过机械法从中游离出原生质体,但由于数量少而难以利用。直到 1960 年,英国科学家 Cooking 第一次用酶法大量分离得到原生质体后,人们才可能利用原生质体进行各方面的基础研究和应用研究。

在基础研究方面,利用原生质体作为材料,可以用于研究细胞壁的再生及各种细胞器在细胞壁再生中的作用;研究质膜在能量转换、物质转运以及信息传递等方面的作用。原生质体培养可用于外源基因转化、体细胞杂交、无性系变异及突变体筛选等的研究;此外,植物原生质体作为一个良好的实验系统而被用于植物细胞骨架、细胞壁的形成与功能、细胞膜的结构与功能、细胞的分化与脱分化等理论问题的研究;原生质体培养和植株再生以及获得可育后代的成功为细胞工程的实用化提供了可能。

用细胞壁降解酶降解植物细胞壁可获得原生质体。常用的细胞壁降解酶有:纤维素酶、半纤维素酶、果胶酶、蜗牛酶等。

三、实验材料、主要仪器和试剂

1. 材料

可取自植物叶片、愈伤组织、细胞悬浮培养物、根、子叶、胚轴等。本实验采用 7～8 周龄的烟草叶片或用菠菜、油菜叶片代替。

2. 主要仪器及用具

(1)眼科镊子。

（2）培养皿（灭菌，20 套）。

（3）国产或 Millipore 过滤器及超滤膜（孔径大小为 0.45 μm）。

（4）封口膜。

（5）吸管。

（6）尼龙网，孔径为 60～70 μm（的确良布）。

（7）真空泵。

（8）离心机（螺帽离心管）。

（9）解剖刀。

（10）小烧杯（灭菌，10 个）。

3. 试剂

（1）70%～75%酒精。

（2）0.4%～0.5%次氯酸钠。

（3）无菌水。

（4）研磨缓冲液：20 mmol/L 蔗糖，10 mmol/L $MgCl_2$，20 mmol/L Tris-HCl（pH 7.8）。

（5）600 mmol/L 甘露醇-清洗培养基（CPW 液）（见附录Ⅴ）。

（6）KM8P 或 MS 培养基。

（7）酶液：4% 纤维素酶＋ 0.4% 离析酶＋ 600 mmol/L 甘露醇 ＋ CPW 液。

（8）密度梯度离心液：在离心管依次加入：①500 mmol/L 蔗糖＋ CPW 液；②140 mmol/L 蔗糖＋ 360 mmol/L 山梨醇＋ CPW 液；③悬浮在酶液中的原生质体，内含 300 mmol/L 山梨醇 ＋100 mmol/L $CaCl_2$。

四、实验步骤

（1）实验用培养基及器具的灭菌（参见实验二）。

（2）由种植在温室的 7～8 周龄的烟草植株上取充分展开的叶片。

（3）先在 70%～75%酒精中一过，再以 0.4%～0.5%次氯酸钠溶液消毒 10～15 min。

（4）消毒后的叶片用无菌水冲 3～5 次，再用眼科镊撕去下表皮。

（5）用解剖刀将撕去下表皮的叶片切成小块（1 cm²）。

（6）将剥去了下表皮的叶段置于一薄层 600 mmol/L 甘露醇-CPW 液中，注意须使叶片无表皮的一面与溶液接触。

(7)30 min 后,用经过滤灭菌的酶液代替 600 mmol/L 甘露醇-CPW 液,抽真空 3～5 min,使酶液充分进入植物叶肉内,用封口膜封严,在 24～26℃ 条件下黑暗保温 3～4 h。

(8)用灭菌吸管轻轻吹打挤压叶段,以释放出原生质体。

(9)用网孔为 60～70 μm 尼龙网过滤,留滤液(去掉未消化的组织碎片)。

(10)将滤液放入离心管内离心,1 000 r/min 离心 3 min,去掉破碎的原生质体。

(11)弃去上清液,将沉淀用 CPW 液悬起。

(12)加入密度梯度离心液 4 000 r/min 离心 5min。

(13)在顶部把绿色的原生质体收集起来,转入另一离心管。

(14)在离心管中加入 MS 培养基悬起原生质体,在 1 000 r/min 离心 3 min,留上清,重复 3 次。

(15)最后一次 CPW 液清洗后加入足量的培养基,使原生质体密度达(0.5～1.0)×10⁵ 个/mL。

五、结果与分析

在显微镜下观察原生质体的形态,并用红血球计数板计数,换算分离的原生质体浓度。

六、注意事项

(1)取材:取幼嫩、细胞分裂旺盛的材料。

(2)酶解处理:酶液:材料＝10:1。

(3)酶解条件:26℃±1℃,黑暗,静置或 50 r/min 摇床。

七、思考题

1.分离原生质体有何意义?

2.分离原生质体过程中的酶液成分如何?

3.为何要进行密度梯度离心?

八、实验流程图(图 2-9)

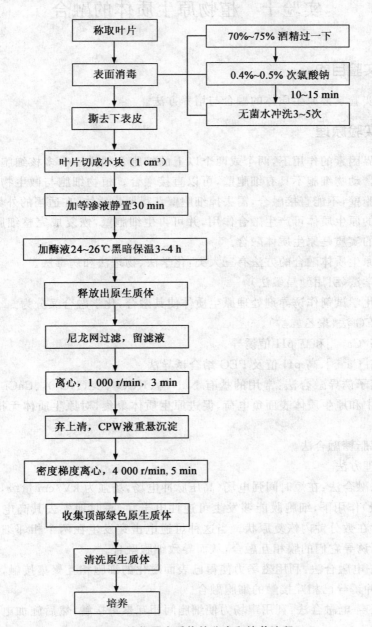

图 2-9 植物原生质体的分离和培养流程

实验十　植物原生质体的融合

一、实验目的

通过实验掌握原生质体的融合与培养方法。

二、实验原理

在外界因素的作用下,两个或两个以上的细胞合并成一个多核细胞的过程称细胞融合。动物细胞不具有细胞壁,可以直接融合。植物细胞与微生物细胞外有坚硬的细胞壁,不能直接融合,需去掉细胞壁获得原生质体,在适当的外界条件下,不同来源的原生质体可产生融合作用,并可再生细胞壁,恢复成完整细胞。因此,细胞融合的实质是原生质体融合。

诱导原生质体融合的方法有三大类:化学法、物理法和病毒法。

1. 化学法(引用颜昌敬法)

利用化学试剂作诱导剂处理原生质体使其融合,化学融合又分为

(1)PEG 法(聚乙二醇)。

(2)高$[Ca^{2+}]$和高 pH 值诱导。

(3)高$[Ca^{2+}]$、高 pH 值及 PEG 结合诱导法。

(4)离子诱导融合法:常用的盐有 $NaNO_3$、KCO_3、$Ca(NO_3)_2$、$CaCl_2$、$NaCl$ 等阳离子可中和原生质体表面负电荷,促进原生质体聚集,对原生质体无损害,但融合率低。

(5)琼脂糖融合法。

2. 物理方法

(1)电融合法:在短时间强电场(高压脉冲电场,场强为 kV/cm 量级,脉冲宽度为 μS 量级)作用下,细胞膜能够发生可逆性电击穿,瞬时地失去其高电阻和低通透性,然后在数分钟内恢复原状。当这种可逆电击穿发生在两个相邻细胞的接触区时,即可诱导它们的膜相互融合,从而导致细胞融合。

(2)磁-电融合法:利用磁场力使得已表面磁化的细胞相互聚集接触,然后施加高压电脉冲诱导已相互接触的细胞融合。

(3)超声-电融合法:利用声场力使细胞间相互聚集接触,然后施加电脉冲诱导细胞融合。

(4)电-机械融合法:电脉冲可使细胞膜存在一种长时间融合状态。

3. 病毒融合法

常用病毒有仙台病毒、新城鸡瘟病毒、流感病毒及疱疹病毒。病毒或其组分在细胞间起粘连作用使细胞聚集成团,致使不同细胞的膜蛋白及膜脂质分子重新排布而结合成一个整体,从而完成细胞融合过程。缺点是病毒诱导的融合作用是随机的,无法人为控制,而且融合率低。目前只有日本的几个实验室还习惯用它作促融剂。

本实验采用 PEG 法促进原生质体融合。这种方法是一项培养大批体细胞杂种植株的卓有成效的技术,也是应用最早的化学融合方法。PEG 具有强烈吸水性及凝集和沉淀蛋白质作用,对植物及微生物原生质体和动物细胞的融合均有促进作用。

当不同种属的细胞混合液中存在 PEG 时,即产生细胞凝集作用,在稀释和除去 PEG 过程中即产生融合现象,虽然作用机理尚不清楚,但目前应用者较多。

所用 PEG 的相对分子质量在 1 000～6 000 u,对不同融合对象需测试其使用浓度、反应温度及作用时间。一般浓度为 40%～50%,在 37℃下作用 2～3 min 效果最佳,但其促融作用也有随机性,无法人为控制。

三、实验材料、主要仪器和试剂

1. 材料

(1)分离获得的烟草叶片原生质体。

(2)已获得的两种不同来源的原生质体。

2. 主要仪器及用具

(1)眼科镊。

(2)培养皿(灭菌,20 套)。

(3)国产或 Millipore 过滤器及超滤膜(孔径大小为 0.45 μm)。

(4)封口膜。

(5)吸管。

(6)尼龙网,孔径为 60～70 μm(的确良布)。

(7)真空泵。

(8)离心机(螺帽离心管)。

(9)解剖刀。

(10)小烧杯(灭菌,10 个)。

(11)普通显微镜或倒置显微镜。

3.试剂

(1)70％～75％酒精。

(2)0.4％～0.5％次氯酸钠。

(3)无菌水。

(4)研磨缓冲液:20 mmol/L 蔗糖,10 mmol/L MgCl₂,20 mmol/L Tris-HCl,pH 7.8。

(5)600 mmol/L 甘露醇-清洗培养基(CPW 液)。

(6)MS 培养基。

(7)酶液:4％纤维素酶＋ 0.4％离析酶＋ 600 mmol/L 甘露醇＋清洗培养基。

(8)密度梯度离心液(同实验七)。

(9)PEG 促融液(灭菌)

PEG1540	0.33 mol/L
葡萄糖	0.1 mol/L
CaCl₂ · 2H₂O	10.5 mmol/L
KH₂PO₄ · H₂O	0.7 mmol/L
pH	5.5

四、实验步骤

(1)实验用培养基及器具的灭菌(参见实验二)。

(2)分离原生质体步骤同实验九。

(3)原生质融合。

①将制备好的两种来源的原生质体以 1∶1 的比例混合,用吸管将混合好的原生质体滴在直径 6 cm 的培养皿中,每滴为 0.1 mL,每培养皿中滴 7～8 滴,静置 15 min,使原生质体贴在培养皿底。

②用吸管吸取 PEG 溶液,等体积地滴加到每滴原生质体上,诱导原生质体融合。在 15℃条件下,作用 10～15 min,然后用显微镜观察。

五、结果与分析

在显微镜下观察原生质体的粘连情况。

六、注意事项

(1)取材:取幼嫩、细胞分裂旺盛的材料。

(2)酶解处理:酶液∶材料＝10∶1。

(3)酶解条件:26℃±1℃,黑暗,静置或 50 r/min 摇床。

(4)原生质体融合条件:温度越高,融合时间越短。

七、思考题

1.原生质体融合的方法有哪些?

2.本实验采用什么方法促进原生质体融合? 该方法的原理是什么?

八、实验流程图(图 2-10)

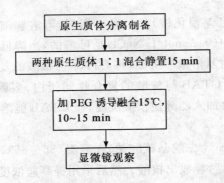

图 2-10 植物原生质体融合实验流程

实验十一 植物基因组 DNA 的提取

一、实验目的

学习和掌握从植物材料中提取 DNA 的原理与方法,进一步了解 DNA 的性质。

二、实验原理

生物体的基因组 DNA 一般为 $10^7 \sim 10^8$ bp。制备基因组 DNA 是研究基因结构和功能的重要前提,如大相对分子质量 DNA 用于构建基因文库或进行基因组 southern 分析,通常要求得到相对分子质量为 $100 \sim 200$ kb 的片段。大分子 DNA 的相对分子质量要为克隆片段长度的 4 倍以上,否则会由于制备过程中随机断裂多为平末端,而导致酶切后有效末端太少,可用于克隆的比例太低而影响克隆工作。

有效制备大分子 DNA 的方法要考虑两个原则:第一,防止和抑制内源 DNA 酶(DNase)对 DNA 的降解。可通过加入一定浓度金属螯合剂(如 EDTA、柠檬酸)及用液氮降低提取过程的温度,来抑制内源酶对 DNA 的降解。第二,尽量减少溶液中 DNA 的机械剪切破坏。即当 DNA 处于溶解状态时,要尽量减弱溶液的涡旋,动作轻柔;在进行 DNA 溶液转移时要用大口(或剪口)吸管,以减少对 DNA 的机械破坏。

目前常用的植物总 DNA 提取主要有以下两种方法。

1. CTAB 法

CTAB(十二烷基乙基溴化铵)是一种去污剂,可溶解细胞膜。它与核酸形成的复合物在高盐溶液中(0.7 mol/L NaCl)是可溶的,当降低溶液盐浓度到一定程度(0.3 mol/L NaCl)时从溶液中沉淀,将 CTAB 与核酸的复合物沉淀溶解于高盐溶液中,通过离心可将 CTAB 与核酸的复合物同蛋白、多糖类不溶物质分开,经酚/氯仿反复抽提后,再加入乙醇使核酸沉淀,而 CTAB 能溶解于乙醇中。

2. SDS 法

利用高浓度的 SDS(十二烷基硫酸钠)在高温(55~65℃)条件下裂解细胞,使染色体离析,蛋白质变性,释放出核酸。然后采用提高盐浓度及降低温度使蛋白质及多糖杂质沉淀,离心后除去沉淀,上清液中的 DNA 同样用酚/氯仿抽提,乙醇沉淀水相中的 DNA。

植物材料中由于 DNA 酶活性水平低,蛋白含量也低,其操作要点是要避免植物次生代谢物质(如多酚、类黄酮等)、植物多糖与 DNA 共存,以保证 DNA 实现正常酶切等操作。针对这些特点,CTAB 法可有较好的结果。

三、实验材料、主要仪器和试剂

1. 材料

小麦黄化苗等。

2. 主要仪器及用具

(1)高速冷冻离心机(16 000 r/min)。

(2)恒温水浴。

(3)紫外可见光分光光度计。

(4)电泳仪及微型电泳槽。

(5)电冰箱。

(6)凝胶成像系统或手提式紫外检测仪。

(7)微波炉。

(8)电子天平。

(9)纯水系统。

(10)1.5 mL 离心管。

(11)塑料离心管架。

(12)微量移液器 10 μL、200 μL、1 000 μL 各 1 支及各量程吸头。

(13)常用玻璃仪器及滴管等。

(14)一次性塑料手套。

3. 试剂

(1)0.1 mmol Tris-HCl（pH= 8.0）缓冲液。

(2)CTAB 提取缓冲液:100 mmol/L Tris-HCl(pH= 8.0),20 mmol/L EDTA,1.4 mol/L NaCl,2% CTAB,使用前加入 0.2%~2% 体积的 β-巯基乙醇。

(3)Tris-HCl 溶液饱和酚/氯仿/异戊醇(25:24:1,V/V/V)。

(4)RNA 酶 A(DNase-free RNase A)。

(5)70% 乙醇。

(6)预冷无水乙醇。

(7)pH 8.0 TE 缓冲液。

(8)琼脂糖。

(9)5×TBE 缓冲液。

(10)6×上样缓冲液。

(11)1% 溴化乙锭(ethidium bromide,EB)染色液。

四、实验步骤

(1)准备干净研钵(中、小号)、研杵、药匙、无水乙醇、异丙醇,预先放进冰箱冷冻室预冷,以减少液氮用量。

(2)采新鲜叶片,先后用自来水、蒸馏水冲洗,用滤纸吸干水分(叶片放入冰箱 4℃保存备用)。

(3)称取 0.1~0.5 g 叶片并剪成 1 cm 长,在液氮中研磨,目的是破碎植物细胞,释放其中内含物,低温可抑制核酸酶的活性。待液氮蒸发完后,迅速转入含预热过(60~65℃)的 CTAB 提取液的离心管中,轻轻混匀。

(4)60~65℃水浴 30~60 min,每 10 min 轻轻摇动混匀。

(5)加等体积的酚/氯仿/异戊醇(25:24:1),温和摇动,使成乳状液。

（6）室温下（温度不低于 15℃），12 000 r/min 离心 5 min，取上清液。根据需要，上清液可用氯仿/异戊醇反复提取多次。

（7）用大孔 Tip 吸头将最后一次提取的上清液转移至另一离心管，加入经热处理过的 RNase A 至终浓度 20 μg/mL，混匀后，37℃孵育 15～30 min。

（8）用大孔吸头小心抽取上清液逐滴加入预冷的 2 倍体积的无水乙醇（或等体积异丙醇），−20℃条件下放置 20 min 以上 5 000 r/min 低速离心 10 min（4℃），收集沉淀。如果不见沉淀，将溶液放入−20℃ 30 min 至过夜，再离心，或用更高速度 10 000～12 000 r/min 离心 5 min（4℃），收集沉淀。

（9）将收集到的沉淀移入另一个新离心管中，加入 1～2 mL 70％乙醇冲洗液，轻摇几分钟，4℃下 10 000 r/min 离心 5 min，收集沉淀。重复 1～2 次。

（10）打开管盖，放洁净场所晾干。

（11）加 50 μL TE 缓冲液，在 4℃溶解 DNA，不要摇动，高相对分子质量 DNA 溶解需要几小时（时间长短依 DNA 完整性和多糖类污染而定）。

（12）用 0.7％琼脂糖凝胶电泳对制备的 DNA 进行恒压电泳检测（电压小于 5 V/cm），以 λDNA 为标准相对分子质量（约 50 kb）。

（13）用紫外分光光度计分析 DNA 的纯度。

五、结果与分析

根据电泳结果和紫外分光光度计分析 DNA 的纯度、浓度及相对分子质量（参见实验十二、实验十五）。测定此 DNA 溶液在 260 nm 和 280 nm 光吸收值，计算 OD_{260}/OD_{280}，比值应大于 1.8。如果小于 1.8，则说明含较多的蛋白，需加入少量蛋白酶 K 保温后，再进一步抽提纯化。另外，230 nm 处为盐类及小分子化合物（如核苷酸）的吸收峰，因此，OD_{260}/OD_{230} 应大于 2.0。得率的计算：由于 1 OD_{260} DNA 为 50 μg/mL，因此，公式为 $OD_{260} \times 50 \times$ 溶解体积/组织鲜重（μg DNA/g·FW）。

六、注意事项

（1）使用的研钵最好预先冷处理，勿使研磨的植物样品融化。

（2）抽提过程温度不宜过低（不低于 15℃），否则可能导致 CTAB 沉淀从而损失 DNA。

（3）用酚/氯仿/异戊醇抽提时，摇晃一定要轻，否则容易使 DNA 断裂。使用的 Tip 头最好要口径大的或是剪掉枪吸头尖。另外，应避免重复冻融步骤。

（4）提取的 DNA 不宜过分干燥，当乳白色的 DNA 沉淀变成透明胶状即可。

七、思考题

1. 制备的 DNA 在具备哪些条件的溶液中比较稳定?
2. 为了防止 DNA 的降解,提取过程中应注意什么?

八、实验流程图(图 2-11)

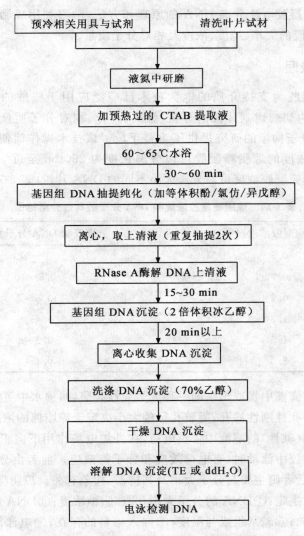

图 2-11　植物基因组 DNA 的提取流程

实验十二　DNA 琼脂糖凝胶电泳检测

一、实验目的

学习琼脂糖凝胶电泳分离 DNA 的原理和方法,学习利用琼脂糖凝胶电泳方法测定 DNA 片段的大小、纯度、浓度及相对分子质量。

二、实验原理

以琼脂糖凝胶为支持介质的电泳技术已广泛应用于核酸的研究中。也是 DNA 的限制性内切酶切割片段的分析、分离、纯化、相对分子质量测定的重要方法,也为 DNA 分子构象的研究提供了重要手段。该技术操作简便、快速,分离范围较广,用各种浓度的琼脂糖凝胶可以分离长度为 200 bp 至近 50 kb 的 DNA。选用不同的琼脂糖凝胶浓度可以分辨大小不同的 DNA 片段(表 2-14)。

表 2-14　琼脂糖凝胶浓度和 DNA 分子的有效分离范围

琼脂糖凝胶浓度/%	分离线状 DNA 分子大小/kb
0.6	1~20
0.7	0.8~10
0.9	0.5~7
1.2	0.4~6
1.5	0.2~4
2.0	0.1~3

琼脂糖是从海藻中提取出来的一种天然线性高聚物,沸水中可溶化,温度降至 45℃ 开始形成多孔性刚性滤孔,凝胶孔径的大小决定于琼脂糖的浓度。DNA 分子在高于其等电点(碱性)的溶液中带负电荷,在外加电场作用下向正极泳动。DNA 分子在琼脂糖凝胶中泳动时,有电荷效应和分子筛效应。前者由分子所带净电荷量的多少而定,后者则主要与分子大小及其构型、构象有关。琼脂糖凝胶电泳迁移速率由以下参数决定:①DNA 的分子大小;②琼脂糖浓度;③DNA 的构象;④所加电压;⑤电场方向;⑥碱基组成与温度;⑦嵌入染料的存在;⑧电泳缓冲液的组成。琼脂糖凝胶电泳法分离 DNA 主要是利用分子筛效应,而受 DNA 的碱基组成或凝

胶电泳温度的影响不明显,琼脂糖凝胶电泳一般在室温下进行。

在凝胶电泳中,DNA 分子的迁移速度与相对分子质量的对数值成反比关系。DNA 样品与已知相对分子质量大小的标准 DNA 片段进行电泳对照,观察其迁移距离,就可知该样品的相对分子质量大小。在用电泳法测定 DNA 分子大小时,应当尽量减少电荷效应,增加凝胶的浓度可在一定程度上降低电荷效应,使分子的迁移速度主要由分子受凝胶阻滞程度的差异所决定,可提高分辨率。同时,适当降低电泳时的电压也可使分子筛效应相对增强而提高分辨率。凝胶电泳不仅可以分离不同相对分子质量的 DNA,也可以鉴别相对分子质量相同但构型、构象不同的 DNA 分子。

溴化乙锭(也叫菲啶溴红,EB)是常用的核酸染色剂,为扁平状分子,EB 能插入 DNA 分子中的碱基对之间,导致 EB 与 DNA 结合。DNA 吸收波长为 254 nm 的紫外光并将能量传递给 EB,同时嵌入核酸碱基间的 EB 本身能吸收 302 nm 和 366 nm 波长的紫外光,来自两方面的能量最终激发出波长为 590 nm 的橙红色的可见荧光。其发射的荧光强度较游离状态的 EB 发射的荧光强度大 10 倍以上,且与 DNA 分子的含量成正比。EB 染色灵敏度较高,可以检测出 10 ng 的 DNA 样品。

三、实验材料、主要仪器和试剂

1. 材料

植物基因组 DNA 分子。

2. 主要仪器及用具

(1)电泳仪及微型电泳槽。

(2)胶模。

(3)梳子。

(4)微波炉或电炉。

(5)电子天平。

(6)凝胶成像系统或手提式紫外检测仪。

(7)石蜡膜。

(8)玻璃胶带或橡胶带。

(9)微量移液器 10 μL、200 μL、1 000 μL 各 1 支及吸头。

(10)100 mL 三角瓶。

(11)一次性塑料手套。

3. 试剂

(1)0.5×TBE 缓冲液。电泳缓冲液也可以用 1×TAE(表 2-15)。

表 2-15　常用的电泳缓冲液及其组成

缓冲液	使用液	浓贮存液(1 000 mL)
TAE (Tris-乙酸)	1×: 0.04 mol/L Tris-乙酸 0.001 mol/L EDTA	50×:242 g Tris 碱 57.1 mL 冰乙酸 100 mL 0.5 mol/L EDTA(pH 8.0)
TBE (Tris-硼酸)	0.5×:0.045 mol/L Tris-硼酸 0.001 mol/L EDTA	5×:54 g Tris 碱 27.5 g 硼酸 20 mL 0.5 mol/L EDTA (pH 8.0)

(2)琼脂糖。

(3)上样缓冲液(6×)。

(4)标准相对分子质量 DNA(DNA marker)。

(5)1%EB 染色液。

也可以用 Goldview™核酸染料,紫外灯下观察。

四、实验步骤

(1)胶板的制备:取透明胶条或橡皮胶条(宽约 1 cm)将凝胶槽玻璃板的边缘封好,或利用挡板插入两端的插槽内,用滴管吸取少量的凝胶封好挡板底边及侧边,然后置于水平玻板或工作台面上水平放置,选择孔径大小适宜的样品槽模板(梳子)垂直插入电泳凝胶槽中,梳子距胶模一端约 1.0 cm,梳齿底边与胶模表面保持 0.5~1.0 mm 的间隙。

(2)凝胶液配制:本实验选择配制 0.7%的琼脂糖凝胶。称取 0.35 g 琼脂糖置于洗净的三角瓶中,加入 50 mL 0.5×TBE 缓冲液,轻轻摇动三角瓶,使琼脂糖微粒呈均匀悬浊状态。用微波炉或电炉加热直至琼脂糖完全溶化,期间轻轻摇匀。

(3)灌胶:待琼脂糖冷却至 65℃左右时,小心倒入凝胶槽内(避免产生气泡),使凝胶缓慢展开直至在胶模表面形成一层 3~5 mm 厚的均匀胶层,室温静置,凝固 0.5~1.0 h。若电泳过程中进行染色,可将染料小心加入冷却至 65℃左右的琼脂糖凝胶液混匀,然后小心倒入凝胶槽(参见第 9 步染色)。

(4)待凝固完全后,即取下胶条,或拿去两端的挡板,将凝胶连同凝胶槽放入水平电泳槽平台上,倒入 0.5×TBE 缓冲液,直至浸没过凝胶面 1~2 mm。

(5)双手均匀用力轻轻拔出梳子,切勿使点样孔破裂,则在胶模上形成相互隔开的样品槽(点样孔),小心去除点样孔中的气泡。

(6)加样:

①用微量移液器吸取待测的 DNA 样品,将其与上样缓冲液(溴酚蓝指示剂溶液)按 5：1 的体积比于石蜡膜(parafilm)上混匀。

②用微量移液器吸取含溴酚蓝的样品,小心地将样品加入点样孔内,每个槽容积为 10～25 μL。记录样品的点样次序与点样量。

③按照同样的方法点上标准 DNA 相对分子质量物(DNA marker),加 2～5 μL。

(7)电泳:加样完毕后,将靠近点样孔一端连接负极(DNA 向阳极泳动),另一端连接正极,接通电源,开始电泳。在样品进胶前可用略高电压,防止样品扩散;样品进胶后,应控制电压不高于 5 V/cm(电压值 V/电泳槽两极之间距离 cm)。

(8)当指示染料条带移动到距离凝胶前沿约 1 cm 时,停止电泳。

(9)染色:

①方法一:只在凝胶中加入 EB(终浓度为 0.5 μg/mL),在电泳缓冲液中不加 EB。此方法在电泳过程中即完成了染色,在实验过程中可以随时观察 DNA 的迁移情况,并减少操作时双手受 EB 污染的机会,而且 DNA 区带也清晰可见,但会污染电泳槽。这是目前最常用的方法。

②方法二:即后染色。在电泳结束以后,取出琼脂糖凝胶,放在含 0.5 μg/mL EB 的电泳缓冲液(或去离子水)中染色 30～40 min。如果室温低,琼脂糖浓度高,凝胶比较厚,则可在 37℃保温染色或轻微振荡,或加大 EB 的剂量(1 μg/mL)、延长染色时间。此方法的优点是更能准确地测定 DNA 的相对分子质量,因为在凝胶中有 EB 时,一定量的 EB 插入 DNA 可使双链线状 DNA 的迁移速度下降。

③方法三:使用 Goldview™核酸染料,即在琼脂糖完全溶化后加入 5 μL Goldview™核酸染料(终浓度为 10 μL/100 mL)并混匀,不需 EB 染色即可在波长 254 nm 紫外灯下进行观察,DNA 条带呈现绿色荧光。此方法可以避免 EB 的污染。

(10)观察:小心取出凝胶并用水轻轻冲洗胶表面的 EB 溶液,然后将胶板推至预先浸湿并铺在紫外灯观察台上的保鲜膜上,在波长 254 nm 的紫外灯下观察染色后的电泳胶板,DNA 存在处显示出橙红色的清晰可见的荧光条带。由于荧光会逐渐减弱,因此,初步观察后,应立即拍照记录下电泳结果。

五、结果与分析

在放大的电泳照片上用卡尺测量出 DNA marker 各片段的迁移距离(cm),以各片段分子碱基对的对数为纵坐标,它们的迁移距离为横坐标,在坐标纸上连接各点画出曲线,制作 DNA 相对分子质量的标准曲线。测量样品 DNA 条带迁移距离,根据上述标准曲线,计算出相应的分子大小。

六、注意事项

(1)要根据被分离 DNA 样品的大小范围选择不同浓度的琼脂糖凝胶。

(2)点样时要避免样品过多溢出，换 DNA 样品要更换 Tip 头，以防止相互污染。

(3)EB 是诱变剂，配制和使用时应戴胶手套，并且不要将该溶液洒在桌面或地面上，凡是 EB 污染过的器皿或物品，必须经专门处理后，才能进行清洗或弃去。

(4)观察时应戴上防护眼镜或有机玻璃护面罩，避免紫外光对眼睛的伤害。

七、思考题

1.为什么核酸可以利用电泳分离？

2.在凝胶电泳中，琼脂糖电泳有哪些优点？

3.为了精确测定其相对分子质量的大小，琼脂糖电泳过程中应采取哪些措施？

4.如何防止电泳时两极缓冲液槽内 pH 和离子强度的改变？

5.EB 染料有哪些特点？使用时应注意些什么？

八、实验流程图(图 2-12)

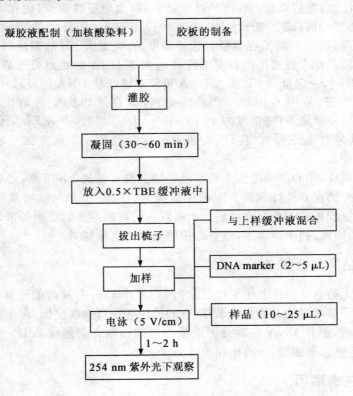

图 2-12　DNA 琼脂糖凝胶电泳检测流程

实验十三 细菌的培养

一、实验目的

学习细菌的培养方法及培养基的配置,通过对 LB 培养基的配制,掌握配制培养基的一般方法和步骤;掌握细菌的接种、培养的无菌操作方法和步骤。

二、实验原理

在生物技术实验中,细菌是不可缺少的实验材料。质粒的保存、增殖和转化;基因文库的建立等都离不开细菌。特别是常用的大肠杆菌。

大肠杆菌是含有长约 3 000 kb 的环状染色体的棒状细胞。它能在仅含碳水化合物和提供氮、磷和微量元素的无机盐的培养基上快速生长。当大肠杆菌在培养基中培养时,其开始裂殖前,先进入一个滞后期。然后进入对数生长期,以 20～30 min 复制一代的速度增殖。最后,当培养基中的营养成分和氧耗尽或当培养基中废物的含量达到抑制细菌快速生长的浓度时,菌体密度就达到一个比较恒定的值,这一时期叫做细菌生长的饱和期。此时菌体密度可达到$(1～2)×10^9/mL$。

培养基可以是固体的培养基,也可以是液体培养基。实验室中最常用的是 LB 培养基。

LB(Luria-Bertani)培养基是一种应用最广泛和最普通的细菌基础培养基,有时又称为普通培养基。它含有酵母提取物、蛋白胨和 NaCl。其中酵母提取物为微生物提供碳源和能源,磷酸盐、蛋白胨主要提供氮源,而 NaCl 提供无机盐。

三、实验材料、试剂与主要仪器

1.材料

大肠杆菌菌株:DH5α。

2.试剂

(1)胰蛋白胨。

(2)酵母提取物。

(3)氯化钠。

(4)1 mol/L NaOH。

(5)琼脂粉。

(6)抗生素(氨苄青霉素、卡那霉素等)。

3.仪器

(1)培养皿。

(2)带帽试管。

(3)涂布器。

(4)灭菌锅。

(5)无菌操作台(含酒精灯、接种环、灭菌牙签等)。

(6)恒温摇床。

四、实验步骤

(一)LB 培养基的配制

配制每升培养基,应在 950 mL 去离子水中加入:

细菌培养用胰蛋白胨	10 g
细菌培养用酵母提取物	5 g
NaCl	10 g

摇动容器直至溶质完全溶解,用 1 mol/L NaOH 调节 pH 值至 7.0。加入去离子水至总体积为 1 L,在 1.034×10^5 Pa 高压下蒸汽灭菌 20 min,即为 LB 液体培养基。

LB 固体培养基是在其液体培养基的基础上另加琼脂粉 15 g/L。

(二)细菌的培养

1.在液体培养基中培养

(1)过夜培养

①取 5 mL 液体培养基加入一只无菌的试管中。

②用接种环或灭菌牙签挑一个单菌落,接种于培养液中。

③盖好试管,在摇床上以 60 r/min 速度,于 37℃过夜培养。

(2)大体积培养

①按 1∶100 的比例将过夜培养物加入到一无菌烧瓶中,烧瓶的体积应该是培养液体积的 5 倍以上。

②于 37℃,约 300 r/min 剧烈摇动培养。

2.在固体培养基中培养

细菌在固体培养基上培养主要是为了获得单菌落和短期保存。

平板划线法分离单菌落如下。

①采用无菌技术,用接种环将接种物从平板的一侧开始划线。

②重新消毒接种环,从第一划线处将样品划线至平板的其余部分,重复划线直至覆盖整个平板。

③于37℃培养直至长出单菌落。

五、结果与分析

培养 16～18 h 后,观察液体培养基中的混浊程度。

六、注意事项

(1)先用精密 pH 试纸测量培养基的原始 pH 值,如果 pH 偏酸,用 1 mol/L NaOH 调节 pH 达 7.0。反之,则用 1 mol/L HCl 进行调节。注意 pH 值不要调过头,以避免回调,否则,将会影响培养基内各离子的浓度。

(2)培养基分装过程中注意不要使培养基沾在管口或瓶口上,以免玷污棉塞而引起污染。液体分装高度以试管高度的 1/4 左右为宜。固体分装试管,其装量不超过管高的 1/5,灭菌后制成斜面,分装三角烧瓶的量以不超过三角烧瓶容积的一半为宜。半固体分装试管一般以试管高度的 1/3 为宜,灭菌后垂直待凝。

(3)所有操作均应在符合生物安全保护及无菌条件下进行。

七、实验流程图(图 2-13)

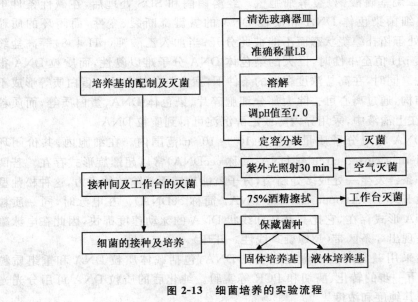

图 2-13 细菌培养的实验流程

实验十四　碱解法提取质粒 DNA

一、实验目的

提取基因工程运载基因的载体质粒 DNA,掌握最常用的提取质粒 DNA 的方法。

二、实验原理

质粒(plasmid)是一些双链、闭环的 DNA 分子,其分子大小为 1~200 kb 不等。它们依赖于宿主编码的酶和蛋白质来进行自主复制和转录,是独立于染色体之外进行复制和遗传的遗传单位。能使子代细胞保持它们恒定的拷贝数,可表达它携带的遗传信息。正因为细菌质粒具备了将外源基因或 DNA 片段导入受体细胞所必须具备的条件,它已成为基因工程中常用的载体之一。

分离质粒 DNA 的方法较多,但都包括 3 个基本步骤:培养细菌使质粒扩增;收集和裂解细菌;分离和纯化质粒 DNA。

碱变性抽提质粒 DNA 是最常用的提取方法,它基于染色体 DNA 与质粒 DNA 的变性与复性的差异而达到分离目的。可先采用溶菌酶破坏菌体细胞壁,再用 SDS(十二烷基硫酸钠)裂解细胞壁。经溶菌酶和 SDS 处理后,在碱性条件下(pH 12.6)细菌染色体 DNA 和质粒 DNA 的氢键都断裂、变性,而闭环的质粒 DNA 由于处于拓扑缠绕状态而不能彼此分开;当加入乙酸钾(pH 4.8)等高盐缓冲液调节其 pH 值至中性时,巨大的染色体 DNA 分子难以复性,而质粒 DNA 很快得以复性。同时,在高盐浓度存在的条件下,宿主染色体 DNA、蛋白质等形成不溶性网状结构,通过离心可去除大部分细胞碎片、染色体 DNA、蛋白质等,而质粒 DNA 仍留在上清液中,采用异丙醇或乙醇沉淀可得到质粒 DNA。

质粒 DNA 相对分子质量一般在 $10^6 \sim 10^7$ u 范围内。在细胞内,共价闭环 DNA(covalently closed circular DNA,简称 cccDNA)常以超螺旋形式存在。若两条链中有一条链发生一处或多处断裂,分子就能旋转而消除链的张力,这种松弛型的分子叫做开环 DNA(open circular DNA, 简称 ocDNA)。在电泳时,同一质粒如以 cccDNA 形式存在,它比其开环和线状 DNA 的泳动速度都快,因此在电泳凝胶中可能呈现出 3 条区带(超螺旋>线性>开环)。

本实验采用碱裂解法小量提取质粒 DNA,包括载体质粒 DNA 和重组质粒 DNA,用于下一步的转化、酶切和 PCR 等实验。纯化后的质粒 DNA 可用分光光度计法检测其纯度和浓度。

三、实验材料、主要仪器和试剂

1. 材料

含有质粒的细菌。

2. 主要仪器及用具

(1)超净工作台。

(2)恒温培养箱。

(3)高速冷冻离心机(16 000 r/min)。

(4)恒温水浴。

(5)电冰箱。

(6)真空泵。

(7)涡悬振荡器。

(8)电泳仪及微型电泳槽。

(9)凝胶成像系统或手提式紫外检测仪。

(10)微波炉。

(11)电子天平。

(12)纯水机。

(13)离心管。

(14)塑料离心管架。

(15)微量移液器 10 μL、200 μL、1 000 μL 各 1 支及吸头。

(16)常用玻璃仪器及滴管等。

(17)一次性塑料手套。

3. 试剂

(1)LB 液体培养基。

(2)100 mg/mL 氨苄青霉素钠盐母液(Amp)。

(3)溶液 I:即 GET 缓冲液。pH 8.0,50 mmol/L 葡萄糖,10 mmol/L ED-TA,25 mmol/L Tris-HCl,于 4℃贮存备用(用前可加溶菌酶 2~4 mg/mL)。

(4)溶液 II:0.2 mol/L NaOH,1% SDS(使用前用 0.4 mol/L NaOH 和 2% SDS 等量混合,现用现配)。

(5)溶液 III(3 mol/LKAc):60 mL 5 mol/L KAc,11.5 mL 冰乙酸,28.5 mL H$_2$O,pH 4.8,于 4℃贮存备用。

(6)Tris-HCl 溶液饱和酚/氯仿/异戊醇(25:24:1,V/V/V)

(7)RNA 酶 A(RNase A):10 mg/mL。

(8)pH 8.0 TE 缓冲液:10 mmol/L Tris-HCl(pH 8.0),1 mmol/L EDTA

(pH 8.0),于4℃贮存备用。

(9)70%乙醇。

(10)预冷无水乙醇。

(11)电泳检测相关试剂(参见实验十二)。

四、实验步骤

(1)将1.4 mL培养物移至1.5 mL离心管中,12 000 r/min离心1 min;去掉上清液(一次性地将液体倒出,并用滤纸吸净管口残余的液体,尽量避免液体重新流回管底)。

(2)细菌沉淀重悬于100 μL冰预冷的溶液Ⅰ中,用涡悬振荡器充分混匀,重悬时使细菌沉淀完全分散。

(3)加入200 μL新配置的溶液Ⅱ(0.2 mol/L NaOH,1% SDS),盖紧管口,快速温和颠倒离心管2～3次使之混匀,之后置于冰上裂解5 min。

(4)加入150 μL预冷的溶液Ⅲ,盖紧管口,颠倒混匀,冰上放置10 min。4℃,10 000 r/min离心5 min,将上清液移入另一离心管中。

(5)向上清液中加入等体积酚/氯仿/异戊醇,颠倒混匀5 min,10 000 r/min离心5 min,将上清液转移至新的离心管中,可重复抽提1～2次。

(6)将上清液加入预冷的2倍体积的无水乙醇,颠倒混匀,-20℃放置30 min左右,4℃,12 000 r/min离心10 min。

(7)小心弃去上清液,加入1 mL 70%乙醇洗涤DNA沉淀(可使沉淀脱离管壁),振荡并离心,4℃,12 000 r/min离心10 min。

(8)小心弃去上清液,真空抽干,或室温放置、或在超净工作台内吹干沉淀(需20～30 min,沉淀呈半透明状闻不到乙醇的气味时即可)。

(9)将沉淀溶于50 μL灭菌的TE或ddH$_2$O中,取5 μL电泳观察并照相,或加入RNase,终浓度20～50 μg/mL,37℃消化30～40 min,取5 μL电泳观察并照相。此时DNA溶液可保存于4℃或-20℃,用于酶切和PCR反应等。如需要进一步纯化,则继续向上清液中加入2倍体积无水乙醇,混匀,冰浴沉淀,离心收集沉淀。

本实验方法提取及纯化的质粒DNA的纯度只能满足一般目的要求。对于纯度要求很高的情况,如作为克隆载体和测序的模板,最好使用质粒纯化试剂盒提取。

五、结果与分析

在波长254 nm的紫外灯下,观察染色后的电泳胶板。DNA存在处显示出红色的荧光条带。

六、注意事项

(1)抗生素不能用高温灭菌,需待培养基灭菌后冷至不烫手时再加入。

(2)溶液Ⅱ(NaOH-SDS 液)要现用现配。

(3)混合的动作要温和;冰浴时间不宜过长或过短;经过此过程后,开盖应有拉丝现象,溶液变稠。

(4)酚/氯仿/异戊醇不要让有机层混入上清液。

(5)DNA 沉淀不可过于干燥。

七、思考题

(1)简述碱变性法抽提质粒 DNA 中,溶液Ⅰ、Ⅱ、Ⅲ分别起什么作用?

(2)染色体 DNA 与质粒 DNA 分离的主要依据是什么? 操作应注意什么?

(3)为什么用无水乙醇沉淀 DNA?

八、实验流程图(图 2-14)

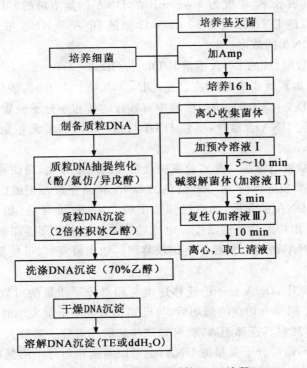

图 2-14 碱解法提取质粒 DNA 流程

实验十五　DNA纯度、浓度与相对分子质量测定

一、实验目的

本实验旨在学习用紫外分光光度计和水平琼脂糖凝胶电泳检测DNA的纯度、浓度的原理与方法。

二、实验原理

提取到的植物基因组DNA或质粒DNA，为了能满足下一步的酶切、连接、转化及PCR等实验要求，必须测定其纯度、含量及相对分子质量的大小。常用的测定方法有以下两种。

1. 紫外分光光度计法

在260 nm波长下，浓度为1 μg/mL的DNA钠盐溶液的OD值为0.020，当$OD_{260}=1$时，双链DNA浓度为50 μg/mL，单链DNA与RNA浓度为40 μg/mL。据此，可估算DNA的浓度。

根据经验数据，纯的DNA溶液其$OD_{260}/OD_{280}=1.8\sim2.0$，当$OD_{260}/OD_{230}>2.0$时，认为已达到所要求的纯度。当$OD_{260}/OD_{280}<1.8$时，表明有蛋白质或酚污染；$OD_{260}/OD_{230}<2.0$时，表明溶液中有残存的盐和小分子杂质。

用此法测定DNA含量时，质粒DNA与染色体DNA无差别，而且测定时需用较多的DNA。

2. 琼脂糖凝胶电泳法　是实验室中最常规的测定方法，简便易行，只需少量的DNA。琼脂糖凝胶电泳时，由EB染色的DNA样品在紫外光照射下能发射荧光，其强度正比于DNA的含量，如将已知浓度的DNA标准样品（如λDNA）作电泳对照，就可估计出待测样品的浓度。电泳后的琼脂糖凝胶直接在紫外灯下拍照，只需5～10 ng DNA，就可以从照片上比较鉴别。如肉眼观察，可检测50～100 ng的DNA。

在凝胶电泳中，DNA分子的迁移速度与相对分子质量的对数值成反比关系。质粒DNA样品用单一切点的酶切后，与已知相对分子质量大小的标准DNA片段进行电泳对照，观察其迁移距离，就可知该样品的相对分子质量大小。凝胶电泳不仅可以分离不同相对分子质量的DNA，也可以鉴别相对分子质量相同但构型不同的DNA分子。在抽提质粒DNA过程中，由于各种因素的影响，使超螺旋的共价

闭合环状结构的质粒 DNA(SC)的一条链断裂,变成开环状(OC)分子,如果两条链断裂,就转变成线状(L)分子。这三种构型的分子有不同的迁移率。在一般情况下,超螺旋迁移速度最快,其次为线状分子,最慢的为开环状分子。

提取到的质粒 DNA 样品中,如还有染色体 DNA 或 RNA,在琼脂糖凝胶 λ 电泳上也可以分别观察到电泳区带,由此可分析样品的纯度。

三、实验材料、主要仪器和试剂

1.材料

提取的质粒 DNA 或基因组 DNA。

2.主要仪器及用具

(1)紫外分光光度计。

(2)微波炉或电炉。

(3)稳压电泳仪及水平式电泳槽。

(4)凝胶成像系统或手提式紫外检测仪。

(5)电冰箱。

(6)电子天平。

(7)微量移液器 10 μL、200 μL、1 000 μL 各 1 支及吸头。

(8)三角瓶。

(9)离心管。

(10)常用玻璃仪器及滴管等。

(11)石蜡膜(parafilm)。

(12)一次性塑料手套。

3.试剂(电泳检测相关试剂参见实验十二)

(1)电泳缓冲液(0.5×TBE)。

(2)琼脂糖。

(3)上样缓冲液(6×)。

(4)标准相对分子质量 DNA(DNA marker)。

(5)1% EB 染色液

四、实验步骤

(一)紫外分光光度计测定 DNA 纯度和浓度

(1)预热紫外分光光度计 10~20 min。

(2)取 1 只石英比色杯,装入 TE 溶液,作为空白,用于校正分光光度计。

(3)DNA 纯度及浓度测定

①取 5 μL DNA 待测样品加入另 1 只比色杯中,加 TE 溶液定容至 3 mL,用无菌石蜡膜堵住杯口,倒转混匀。

②将两只比色杯置分光光度计中,先调入射光波长,然后分别用空白溶液调整零点(T 为 100,OD 为 0),测定 260 nm、280 nm、230 nm 待测样品液在的 OD 值。

计算浓度:对于双链 DNA 来说,OD_{260} = 1.0 时,其浓度为 50 μg/mL,故 DNA 样品浓度(μg/μL)=OD_{260}值×N(样品稀释倍数)×50/1 000。

(4)测定纯度:据经验值其 OD_{260}/OD_{280} 为 1.8~2.0,OD_{260}/OD_{230}>2.0,以判断质粒 DNA 纯度。OD_{260}/OD_{280}>2.0,表明有 RNA 污染;OD_{260}/OD_{280}<1.8,表明有蛋白质或酚污染。OD_{260}/OD_{230}<2.0,表明有残存的盐和小分子杂质。

(二)0.7%琼脂糖凝胶电泳操作步骤参见实验十二

五、结果与分析

在电泳过程中可随时用手提式紫外检测仪直接观察 DNA 的电泳情况。电泳时间视实验的具体要求而定。待 DNA 各条区带分开后,停止电泳,一般需 2 h 左右。取电泳凝胶直接拍照或绘图。

DNA 样品纯度:质粒 DNA 应呈现 2 或 3 条不同构型的条带,这表明所提样品较纯。如果在溴酚蓝前有弥散的荧光区出现,则表明样品中存有 RNA 杂质。若 DNA 样品在琼脂糖凝胶上不能形成清晰的条带,而只是弥散一片,则表明 DNA 已严重降解。若所提质粒 DNA 样品在质粒条带上端还有荧光条带(迁移率小于质粒 DNA 条带),表明质粒 DNA 样品中有染色体 DNA 污染。

DNA 样品浓度估测:比较被测 DNA 样品条带与标准 DNA 样品条带的荧光强度,DNA 量相同时所产生荧光强度相同。如以 λDNA 为标准样品,其浓度为 1 μg/μL,上样量为 2 μL,样品 DNA 条带的亮度与之相近时,其电泳样品量约为 2 μg,根据上样体积可大致估计出样品 DNA 的浓度。

六、注意事项

(1)设计标准 DNA(λDNA)含量梯度时要合理,便于肉眼分辨。

(2)琼脂糖电泳注意事项参见实验十二。

七、思考题

1. 为什么选择波长为 260 nm、280 nm 的 OD 值来确定待测样品纯度?

2. 干扰核酸纯度的物质有哪些?

3.在测定 DNA 浓度时测定结果中 OD_{230} 的读数出现了负值,OD_{260}/OD_{230} 无比值显示,产生的原因是什么?

八、实验流程图(图 2-15)

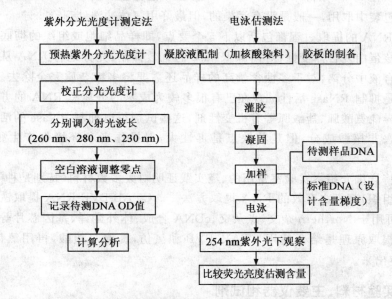

图 2-15　DNA 纯度、浓度与相对分子质量测定流程

实验十六　植物组织 RNA 的提取

一、实验目的

学习和掌握从植物材料中提取 RNA 的原理与方法,进一步了解 RNA 的性质。

二、实验原理

在所有 RNA 实验中,最关键的因素是分离得到全长的 RNA。而实验失败的主要原因是核糖核酸酶(RNase)的污染。RNase 很稳定,一般而言其反应不需辅助因子,因而 RNA 制剂中只要存在少量的 RNase 就会造成严重的后果。为避免 RNase 的污染,实验中所用到的全部溶液、玻璃器皿、塑料制品都必须特别处理。

由于 RNase 是污染的主要来源之一,所以在整个 RNA 制备的操作过程必须戴上手套。实验用的溶液均需用焦碳酸二乙酯(DEPC)处理以使 RNase 失活,但由于 DEPC 会与 Tris 发生化学反应而失效,因此,DEPC 处理含 Tris 的溶液效果不好。玻璃器皿须在 $180℃$ 条件下烘烤 $8\sim10\ h$(高压不能完全灭活 RNase);塑料制品直接从商品包装中取用,一般是没有污染的,但最好用氯仿冲洗处理。

所有 RNA 的提取过程都包括以下 5 个要点,即样品细胞或组织的彻底破碎;有效地使核蛋白复合体变性;对内源 RNase 的有效抑制;充分地将 RNA 从 DNA 和蛋白混合液中分离,对于多糖含量高的样品还需要将多糖杂质完全除去。其中最关键的是抑制 RNase 活性。现在已有很多较为成熟的分离总 RNA 的方法,通常都使用异硫氰酸胍、盐酸胍等有机变性剂,这些试剂可以抑制 RNase 的活性,并有助于除去非核酸成分,但是其缺点是毒性大,对操作者和环境都产生很大的危害。

在此将详细介绍本实验室常用的、经实践证明对大多数材料(特别是种子等富含淀粉的组织)都行之有效的 RNA 提取方法——CTAB-PVP RNA 提取法,提取的 RNA 可用于 Northern 杂交、点杂交、cDNA 合成、体外翻译、基因芯片等方面。该方法的提取原理是结合使用 CTAB、PVP 和氯仿,提取总核酸,再用氯化锂将 RNA 沉淀出来。

三、实验材料、主要仪器和试剂

1. 材料

新鲜植物叶片等。

2. 主要仪器及用具

(1)高速冷冻离心机(16 000 r/min)。

(2)恒温水浴。

(3)紫外可见光分光光度计。

(4)电泳仪及微型电泳槽。

(5)电冰箱。

(6)凝胶成像系统或手提式紫外检测仪。

(7)微波炉。

(8)电子天平。

(9)纯水系统。

(10)离心管。

(11)塑料离心管架。

(12)微量移液器 10 μL、200 μL、1 000 μL 各 1 支及吸头。

(13)常用玻璃仪器及滴管等。

(14)一次性塑料手套。

3.试剂

(1)0.1%焦炭酸二乙酯(diethylpyrocarbonate，DEPC)水溶液无菌水配制 0.1% DEPC 溶液，室温处理 12 h 或者过夜，然后高压灭菌。

(2)总 RNA 提取液：2% CTAB，2% PVP，100 mmol/L Tris-HCl (pH 8.0)，25 mmol/L EDTA，2.0 mol/L NaCl，0.5 g/L 亚精胺(spermidine)，以上溶液混匀后高压灭菌，2% β-巯基乙醇(用前加入)。

(3)氯仿：异戊醇溶液(24:1)。

(4)10 mol/L LiCl。

(5)SSTE 溶液：1.0 mol/L NaCl，0.5% SDS，10 mmol/L Tris-HCl (pH 8.0)，1 mmol/L Na_2 EDTA(pH 8.0)。

(6)70%乙醇。

(7)预冷无水乙醇。

(8)pH 8.0 TE 缓冲液：10 mmol/L Tris-HCl(pH 8.0)，1 mmol/L EDTA (pH8.0)，于 4℃贮存备用。

(9)琼脂糖。

(10)5×TBE 缓冲液。

(11)上样缓冲液(6×)。

(12)1%溴化乙锭(ethidium bromide，EB)染色液。

四、实验步骤

(1)先将经过干烤灭菌的研样与研钵用液氮冷却，然后将冷冻的植物组织加入其中，彻底研磨成粉末，再保存至液氮中。

(2)取 15 mL 提取液于 65℃水浴锅温育。快速加入 2～3 g 彻底碾碎的植物组织粉末，反复倒置离心管使之彻底混匀。

(3)加入等体积的氯仿：异戊醇溶液，混匀，于室温条件下以 10 000 r/min 转速离心(SS34 转头)20 min，取出上层水相至另一个离心管中，再加入等体积的氯仿了：异戊醇溶液，重复抽提 1 次。如果采用桌面小离心机，则需要多重复几次，以保证样品纯度。

(4)上清液中加入 1/4 体积的 10 mol/L LiCl，混匀，在 4℃条件下沉淀(过夜)。次日在 4℃条件下以 10 000 r/min 转速离心 20 min，收获沉淀。

(5)将沉淀溶于 500 μL 的 SSTE 溶液中,在 37℃条件下温育 5 min 使之溶解,然后迅速置于冰上,再用等体积的氯仿∶异戊醇溶液抽提 1 次。

(6)上清液中加入 2 倍体积的无水乙醇,在 −70℃条件下沉淀至少 30 min 或者在 −20℃条件下沉淀 2 h。在 4℃条件下以 10 000 r/min 转速离心 20 min,收获沉淀,通风橱内干燥后,将沉淀溶解于 DEPC 水溶液中,在 −20℃条件下保存。

(7)紫外分光光度法检测 RNA 质量,理想纯度的 RNA 的 OD_{260}/OD_{230} 和 OD_{260}/OD_{280} 应该在 1.8~2.0。理想纯度的 RNA 浓度计算:$OD_{260} \times 40 \times$ 稀释倍数,单位为 ng/μL。

(8)琼脂糖凝胶电泳检测 RNA 质量:用变性琼脂糖凝胶,检测 RNA 中有无蛋白质和 DNA 污染、RNA 是否降解以及 RNA 的浓度。如果上样孔附近无条带出现,28S 和 18S 条带明亮、清晰、条带锐利(指条带的边缘清晰),并且 28S 的亮度在 18S 条带的 2 倍以上,可以判定 RNA 的质量较好。

五、结果与分析

根据电泳结果和紫外分光光度计分析 RNA 的质量。测定此 RNA 溶液在 260 nm 和 280 nm 光吸收值,计算 OD_{260}/OD_{280},比值 2.0。得率的计算:由于 1 OD_{260} RNA 为 40 μg/mL,因此,公式为 $OD_{260} \times 40 \times$ 溶解体积。

六、注意事项

(1)由于 RNase 广泛存在而且稳定,一般反应不需要辅助因子,所以在提取过程中所用试剂、设备都必须经过严格的无菌、无 RNase 处理,操作人员戴一次性口罩、帽子、手套,实验过程中手套要勤换,设置 RNA 操作专用实验室,所有器械等应为专用。

(2)所有溶液均需用 DEPC 处理过的无菌水配置。由于 Tris 会与 DEPC 发生反应,所以应该单独用蒸馏水配置成储存溶液 2 mol/L Tris-HCl (pH 8.0),或者与 EDTA 一起配制成储存溶液 2 mol/L Tris-HCl,0.5 mol/L EDTA(pH 8.0),高压灭菌,在使用前加至提取液中。

(3)配制 SSTE 溶液时,首先单独配制各种溶液:1.0 mol/L NaCl 或者更高浓度溶液(用 DEPC 水溶液配制)、2 mol/L Tris-HCl,0.2 mol/L EDT A(pH 8.0,蒸馏水配制)、10% SDS 储存液,分别高压灭菌,使用前用 DEPC 水溶液按比例稀释混匀。由于室温下 SDS 溶解度低,所以使用前溶液应于 65℃或者 50℃水浴锅温育。

（4）植物组织碾磨应尽可能彻底，以提高 RNA 产量。

（5）LiCl 沉淀时间长短影响 RNA 回收率，沉淀 1 h、2 h、6 h 的回收率分别是 4℃沉淀过夜回收率的 30％、65％和 90％。

（6）RNA 在用于 Northern Blotting、cDNA 合成、体外翻译等之前需要进行质量检测，尤其必须确保其中无基因组 DNA 污染。

七、思考题

1. DEPC 在 RNA 提取中的作用？

2. 为了防止 RNA 的降解，提取过程中应注意什么？

八、实验流程图（图 2-16）

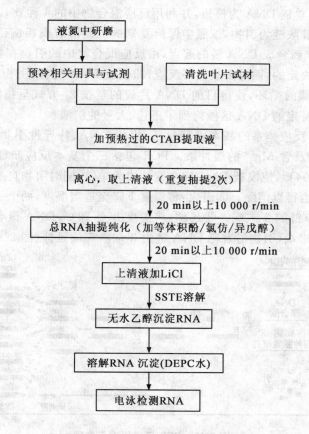

图 2-16 植物组织 RNA 的提取流程

实验十七　PCR 技术扩增 DNA 片段

一、实验目的

学习 PCR 的基本原理与操作技术，了解 PCR 反应体系中各成分的作用。

二、实验原理

聚合酶链式反应（Polymerase Chain Reaction，PCR）是一种最常用的体外基因扩增技术。其实质是体内 DNA 复制的体外模拟。当双链 DNA 变性为单链后，DNA 聚合酶以单链 DNA 为模板，并利用反应混合物中的 4 种 dNTP，以一对与模板互补的寡核苷酸链为引物，按照半保留复制的机制沿着模板链延伸直至完成新的 DNA 合成。新合成 DNA 链的起点，由反应混合物中的引物在模板 DNA 链两端的结合位点决定的，通过多次循环反应，即模板 DNA 变性、引物与模板退火、三个基本反应步骤的循环，使得目的 DNA 片段的量按 2^n 方式呈指数级递增，即链式反应。使得特定的 DNA 区段得到了迅速、大量的扩增。

组成 PCR 反应体系的基本成分包括：模板 DNA、特异性引物、耐热 DNA 聚合酶、dNTP 以及含 Mg^{2+} 的缓冲液。PCR 包括三个基本反应步骤：①变性：将反应系统加热至 94℃，使模板 DNA 完全变性成为单链，同时引物自身和引物之间存在的局部双链也得以消除。②退火：将温度下降至适当温度，两个引物分别结合到靶 DNA 两条单链的 3′末端。③延伸：将温度升至 72℃，DNA 聚合酶催化 dNTP 加到引物的 3′末端，引物沿着靶 DNA 链由 3′端向 5′端延伸（图 2-17）。

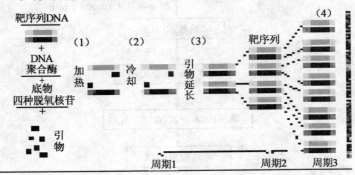

图 2-17　PCR 反应原理示意图

三、实验材料、主要仪器和试剂

1. 材料

DNA 模板(基因组 DNA 或质粒 DNA)。

2. 主要仪器及用具

(1)基因扩增仪(PCR 仪)。

(2)微量移液器(0.2~10 μL、10~200 μL)及吸头。

(3)台式离心机。

(4)涡旋混合器。

(5)琼脂糖凝胶电泳系统。

(6)灭菌超薄 PCR 反应管(0.2 mL)。

3. 试剂

(1)Taq DNA 聚合酶(5 U/μL)。

(2)10×PCR 缓冲液(500 mmol/L KCl,100 mmol/L Tris-HCl,pH 8.3)。

(3)$MgCl_2$ 溶液(25 mmol/L)。

(4)dNTP 溶液(2.5 mmol/L)。

(5)引物(primer)。

(6)无菌去离子水(ddH_2O)。

四、实验步骤

(1)设置 PCR 仪的循环程序。

①94℃,5 min。

②94℃,1 min。

③60℃,1 min(根据试验要求修改)。

④72℃,2 min。

⑤重复步骤(2),29 个循环。

⑥72℃,10 min。

(2)按下述顺序将各试剂加入 0.2 mL PCR 反应管,配制 25 μL 反应体系(注意每换一种试剂换 1 个吸头)。

ddH_2O	9 μL
10×PCR buffer	2.5 μL
25 mmol/L $MgCl_2$	3 μL(终浓度 4 mmol/L)
2.5 mmol/L dNTP	2 μL(终浓度 0.2 mmol/L)

10 μmol/L Primer1	1 μL(12.5~25 pmol/L)
10 μmol/L Primer2	1 μL(12.5~25 pmol/L)
DNA 模板	1 μL(25~100 ng)
Taq 酶	0.5 μL(约 2 U)
总体积	20 μL

(3)将反应液混匀,瞬间离心(1~2 s)。

(4)置入 PCR 仪,启动 PCR 程序进行扩增。

五、结果与分析

PCR 结束后,取 5 μL 产物进行琼脂糖凝胶电泳,在紫外灯下观察扩增产物。

六、注意事项

(1)配制 PCR 反应液时一定要按顺序,最后加 DNA 模板和 *Taq* DNA 聚合酶。

(2)电泳操作时注意戴手套操作,避免接触 EB。

七、思考题

1.复性温度如何确定?

2.为什么要在最后延伸 10 min?

3.为什么要最后加 *Taq* DNA 聚合酶?

八、实验流程图(图 2-18)

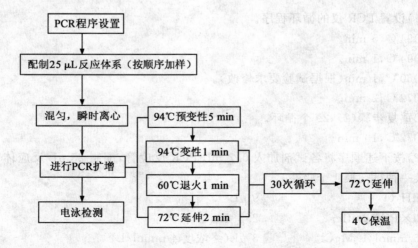

图 2-18 PCR 技术扩增 DNA 流程

实验十八 DNA 的体外连接

一、实验目的

了解 DNA 体外连接的基本原理,学习 DNA 重组技术中的核心步骤——DNA 片段的体外连接技术。

二、实验原理

DNA 分子重组是在 Mg^{2+}、ATP 或 NAD^+ 存在的连接缓冲液系统中,DNA 连接酶利用 NAD^+ 或 ATP 中的能量催化 DNA 链的 $5'$-PO_4 与另一 DNA 链的 $3'$-OH 生成磷酸二酯键,将两 DNA 分子连接。辅助因子 NAD^+ 或 ATP 将其腺苷酰基转移到 DNA 连接酶的一个赖氨酸残基的 ε-氨基上形成共价的酶-AMP 复合物(腺苷酰酶),同时释放出烟酰胺单核苷酸(NMN)或焦磷酸。酶-AMP 复合物再结合到具有 $5'$-PO_4 和 $3'$-OH 切口的 DNA 上,将酶-AMP 复合物上的腺苷酰基再转移到 DNA 的 $5'$-PO_4 端,形成一个焦磷酰衍生物,即 DNA-AMP。这个被激活的 $5'$-PO_4 端可以和 DNA 的 $3'$-OH 端反应,产生一个新的磷酸二酯键,把缺口封起来,同时释放出 AMP。

PCR 产物与 T 载体直接连接的原理:大部分耐热性 DNA 聚合酶反应时都有在 PCR 产物的 $3'$末端添加 1 个或几个"A"碱基,利用 PCR 产物 $3'$末端的"A"碱基与 T 载体 $3'$末端的"T"碱基间的互补配对,经连接酶作用,完成 PCR 产物与载体的连接。

三、实验材料、主要仪器和试剂

1.材料

PCR 产物或末端经 *EcoR* I 酶切的 DNA 回收产物。

2.主要仪器及用具

(1)恒温水浴锅。

(2)微量移液器($0.5\sim10~\mu L$、$10\sim200~\mu L$)及吸头。

(3)台式离心机。

(4)旋涡混合器。

(5)灭菌离心管。

3.试剂

(1)T_4 DNA 连接酶。

(2)10×DNA 连接酶缓冲液(660 mmol/L Tris-HCl,pH 7.5,50 mmol/L $MgCl_2$,50 mmol/L DTT,10 mmol/L ATP)。

(3)T 载体(pMD18-T 或 pGM-T)、pUC18 载体。

(4)ddH_2O。

四、实验步骤

1.PCR 产物与 T 载体直接连接

(1)事先将恒温水浴温度设定在 16℃。

(2)取一个灭菌的 1.5 mL 微量离心管,加入:

PCR 产物混合液	4 μL
pGM-T 载体	1 μL
连接酶缓冲液	1 μL
ddH_2O	3.5 μL
T_4 DNA 连接酶(350 U/μL)	0.5 μL
终体系	10 μL

(3)上述混合液轻轻振荡后短暂离心,然后置于 16℃水浴中保温过夜。

(4)连接后的产物可以立即用来转化感受态细胞或置 4℃冰箱备用。

2.DNA 回收片段与载体(pUC18 载体)连接

(1)取一个灭菌的 1.5 mL 微量离心管,加入:

经 EcoR I 酶切后回收的 DNA 片段	4 μL
经 EcoR I 酶切后回收的载体	1 μL
T_4 DNA 连接酶(350 U/mL)	0.5 μL
连接酶缓冲液	1 μL
ddH_2O	3.5 μL
终体系	10 μL

(2)上述混合液轻轻振荡后短暂离心,然后置于 16℃水浴中保温过夜。

(3)连接后的产物可以立即用来转化感受态细胞或置 4℃冰箱备用。

五、结果与分析

通过转化感受态细胞和重组子筛选鉴定连接效果。

六、注意事项

(1)在进行克隆时,载体 DNA 与插入 DNA 的摩尔比一般为 1:(2~10)。

(2)克隆时使用的插入片段(PCR 产物)尽量经过切胶回收纯化。

(3)连接反应应在 16℃以下进行,温度升高(大于 26℃)较难形成环状 DNA。

(4)连接效率偏低时,可适当延长连接时间至数小时。

七、思考题

1.连接酶的最适温度是多少?

2.为什么要采用 16℃下连接?

3.PCR 产物为什么可以用 T 载体直接进行连接?

八、实验流程图(图 2-19)

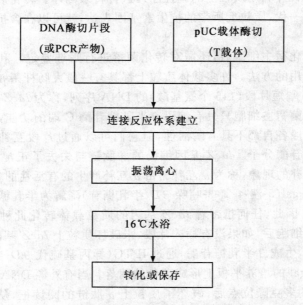

图 2-19 DNA 的体外连接流程

实验十九　大肠杆菌感受态细胞
的制备和重组 DNA 的转化

一、实验目的

了解 CaCl₂ 法制备大肠杆菌感受态的原理及操作方法，学习热击法重组 DNA 转化技术，掌握重组子鉴定的方法及原理。

二、实验原理

细菌表面通过 0℃ 的 CaCl₂ 处理后膨胀成球形，局部失去细胞壁或细胞壁溶解，成为容易吸收外源 DNA 的生理状态，DNA 分子能够通过质膜进入细胞。质粒 DNA 黏附在细菌感受态细胞表面，经过 42℃ 短时间的热击处理，促进吸收 DNA。完整的双链 DNA 分子首先吸附到细胞表面，再双链 DNA 分子解链变成单链，其中一条进入受体细胞内，另一条被降解。进入细胞内的单链 DNA 则复制成双链环状 DNA，并利用质粒上的调控序列进行转录翻译。转化后的细菌在非选择培养基中培养一代，质粒上所带的抗生素基因表达，就可以在含抗生素的培养基中生长。

重组质粒转化宿主细胞后，还需对转化菌落进行筛选鉴定。利用 α 互补现象进行筛选是较常用的方法。许多载体质粒上都具有一段大肠杆菌 β-半乳糖苷酶的启动子及编码 N 端短片段（146 个氨基酸）的 DNA 序列，称为 lacZ′ 基因，产物称 α 肽链。而大肠杆菌宿主细胞只具有编码 β-半乳糖苷酶 C 端的功能，所以宿主细胞和质粒编码的片段各自都不具有酶活性，但它们可以通过片段互补的机制形成具有活性 β-半乳糖苷酶分子。lacZ′ 基因编码的 α 肽链与失去了正常 N 端的 β-半乳糖苷酶突变体互补的现象，称为 α 互补。由 α 互补产生的有活性的 β-半乳糖苷酶，可以将无色的 X-gal（5-溴-4-氯-3-吲哚-β-D-半乳糖苷）降解为半乳糖和深蓝色的 5-溴-4-氯-4-靛蓝。因此，任何携带着 lacZ′ 基因的质粒载体转化此种 β-半乳糖苷酶突变的大肠杆菌细胞后，如果没有插入片段，未破坏质粒上 lacZ′ 基因片段，则转化后可实现 α 互补，生成 β-半乳糖苷酶，通过 IPTG（异丙基硫代 β-D-半乳糖苷）的诱导，能在含有 X-gal 的培养平板上形成蓝色的菌落。当有外源 DNA 片段插入到位于 lacZ′ 基因中的多克隆位点后，破坏了质粒上 α 肽链的阅读框，从而无法实现 α 互补，而导致不能形成有活性的 β-半乳糖苷酶。因此，含有重组质粒的克隆往往为白色菌斑。

三、实验材料、主要仪器和试剂

1. 材料

载体 pUC18 的连接产物（重组 DNA 溶液）及大肠杆菌菌株（*E. coli*）DH5α。

2. 主要仪器及用具

(1) 超净工作台。

(2) 恒温水浴锅。

(3) 制冰机。

(4) 分光光度计。

(5) 恒温摇床。

(6) 恒温培养箱。

(7) 台式冷冻离心机。

(8) 涡旋混合器。

(9) 微量移液器（10～200 μL）及吸头。

(10) 三角瓶。

(11) 培养皿。

(12) 酒精灯。

(13) 接种环。

(14) 玻璃涂棒。

(15) 灭菌离心管（50 mL, 1.5 mL）。

3. 试剂

(1) LB 培养基。

(2) 0.1 mol/L $CaCl_2$ 溶液。

(3) 100 mg/mL 氨苄青霉素钠盐（Amp）。

(4) 0.1 mol/L IPTG（异丙基硫代 β-D-半乳糖苷）。

(5) 20 mg/mL X-gal（5-溴-4-氯-3-吲哚-β-D-半乳糖苷）。

(6) ddH_2O。

四、实验步骤

1. 感受态制备

(1) 从超低温冰箱中取出 DH5α 菌种，置于冰上。在超净工作台上用烧过的接种环插入冻结的菌中，然后在 LB 固体培养基平板上交错划线，于 37℃过夜培养直至长出单斑。

（2）取一支无菌的摇菌试管,在超净工作台上加入 2 mL LB(不含抗菌素)培养基,用烧过的接种环挑取良好单斑接种于试管中,37℃摇床培养过夜。

（3）取 0.5 mL 上述菌液转接到含有 50 mL LB 培养基的三角烧瓶中,37℃下 250 r/min 摇床培养 2～3 h,直至 OD_{600} 值达到 0.35(OD_{600} < 0.4～0.6,细胞数 < 108 个/mL,此为关键参数)。以下操作除离心外,都在超净工作台上进行。

（4）将菌液分装到 2 个预冷无菌的 50 mL 离心管中,于冰上放置 10 min,然后于 4℃,5 000 r/min 离心 10 min。

（5）将离心管倒置以倒尽上清液,加入 20 mL 冰冷的 0.1 mol/L $CaCl_2$ 溶液,立即在涡旋混合器上混匀,插入冰中放置 30 min。

（6）4℃,5 000 r/min 离心 10 min,弃上清液,用 20 mL 冰冷的 0.1 mol/L $CaCl_2$ 溶液垂悬,插入冰中放置 30 min。

（7）4℃,5 000 r/min 离心 10 min,弃上清液,用 2 mL 冰冷的 0.1 mol/L $CaCl_2$ 溶液垂悬,超净工作台上按每管 100 μL 分装到 1.5 mL 离心管中。可以直接用作转化实验或立即放入－70℃超低温冰柜中保藏(可存放数月)。

2.重组 DNA 的转化

（1）先将恒温水浴的温度调至 42℃。

（2）取 5 μL 重组 DNA 混合液(DNA 含量不超过 100 ng)加入 100 μL 感受态细胞,轻轻振荡后放置冰上 30 min。

（3）轻轻摇匀后置 42℃水浴中热击 90 s,然后迅速放回冰中,静置 3～5 min。

（4）在超净工作台上向管中加入 500 μL 预热至 37℃的 LB 液体培养基(不含抗菌素),轻轻混匀,然后固定到摇床的弹簧架上 37℃低速振荡 1 h。

（5）在超净工作台上取上述转化混合液 100～300 μL,滴到固体 LB 平板培养皿(含 50 μg/mL Amp)中,再在平板上滴加 40 μL 20 mg/mL 的 X-gal,10 μL 0.1 mol/L 的 IPTG,用烧过的玻璃涂布棒涂布均匀。

（6）在涂好的培养皿上做好标记,先放置在 37℃恒温培养箱中 30～60 min,待表面的液体都渗入培养基后,倒置培养皿,37℃恒温培养箱过夜(12～16 h),出现菌落。

五、结果与分析

利用蓝白斑筛选系统进行阳性克隆的筛选。其中白色菌落为重组 DNA 质粒。

六、注意事项

（1）接种 DH5α 菌株时一定要保证在无菌条件下操作,以免污染菌株。$CaCl_2$ 溶液纯度要高,用前要灭菌。转化实验使用的器皿应经过高压高温灭菌。

（2）用于制备感受态细胞的 *E. coli* DH5α 菌株应在对数生长期收获。

（3）制备的感受态细胞可在冰上放置 2 h 再进行转化，转化效率更高。

（4）涂布热击后的菌液时不要涂得过多，以保证得到界限清晰的单斑。

（5）涂板时玻璃棒上的酒精火焰熄灭后稍等片刻，待其冷却再涂布。

七、思考题

1. 感受态制备过程中为什么要将菌液 OD_{600} 值培养至 0.35？

2. 转化过程中，热击后为什么要 37℃ 低温振荡 1 h？

3. 在平板中加入 IPTG 和 X-gal 的目的是什么？

八、实验流程图（图 2-20）

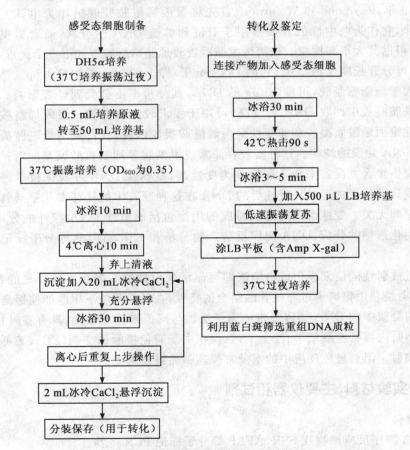

图 2-20 大肠杆菌感受态细胞的制备和重组 DNA 的转化

实验二十　变性聚丙烯酰胺凝胶电泳银染检测技术

一、实验目的

学习变性聚丙烯酰胺凝胶电泳银染检测的原理,并掌握银染法测定 DNA 序列的基本方法。

二、实验原理

1959 年,Raymond 和 Weintraub 首先将聚丙烯酰胺胶联链作为电泳支持介质。如今,它作为电中性的介质被用于双链和单链 DNA 的分离,前者根据其大小,后者根据其大小和构象。聚丙烯酰胺凝胶较琼脂糖凝胶有如下三个优点:①分辨率高,可分开长度仅相差 0.1% 的 DNA 分子,即 1 000 bp 中相差 1 bp。②其载样量远大于琼脂糖凝胶,可加 10 μg 的 DNA,其分辨率不会受到显著影响。③从聚丙烯酰胺凝胶中回收 DNA 纯度高,可用于要求较高的实验。聚丙烯酰胺凝胶分为变性聚丙烯酰胺凝胶和非变性聚丙烯酰胺凝胶两种,变性聚丙烯酰胺凝胶用于单链 DNA 片段的纯化。这种凝胶在尿素或甲酰胺等抑制核酸碱基配对试剂的存在下发生聚合。凝胶中加入尿素作为变性剂,是确保 DNA 片段保持单链状态并以直线分子的形式运动。变性后的 DNA 在这种凝胶中的迁移率几乎与其碱基组成及序列无关。变性聚丙烯酰胺凝胶的用途包括放射性 DNA 探针的分离、S1 核酸酶消化产物的分析、DNA 测序反应产物分析和 SSR、AFLP 等分子标记检测分析。

通过放射性同位素标记或银染法即可显示聚丙烯酰胺凝胶电泳分离的条带。DNA 银染是利用银离子可与核苷酸结合的特性,在碱性环境下甲醛能使银离子还原从而使凝胶中的 DNA 得以显带的染色法。与同位素标记相比,具有省时快速:可在几小时内得到检测结果;安全节约,操作中既避免接触诱变剂(EB),又可免受同位素辐射。但对显色反应中的水及常规药品品级要求严格。

三、实验材料、主要仪器和试剂

1. 材料

DNA 测序反应产物或 SSR、AFLP 等分子标记 PCR 产物。

2. 主要仪器及用具

(1)纯水系统。

(2)DNA 序列分析电泳槽。

(3)高压电泳仪。

(4)水平摇床。

(5)方型塑料盘(4 个)。

(6)微量移液器 10 μL、200 μL、1 000 μL 各 1 支及吸头。

(7)离心管。

(8)常用玻璃仪器及滴管等。

(9)一次性塑料手套。

(10)灯箱。

3. 试剂

变性聚丙烯酰胺凝胶电泳试剂配制:

(1)0.5% 亲和硅烷(bind-silane):5 μL 亲和硅烷,5 μL 冰乙酸,90 μL 无水乙醇,1 900 μL 去离子水(现用现配)。

(2)2% 剥离硅烷(repel-silane):490 mL 氯仿(分析纯)加入 10 mL 剥离硅烷,混合后 4℃保存。

(3)6% 丙烯酰胺(acrilamide)凝胶贮备液:420.8 g 尿素,57 g 聚丙烯酰胺,3 g 甲叉-双丙烯酰胺(bis-acrilamide),50 mL 10×TBE,搅拌溶解并定容至 1 000 mL,过滤后,于 4℃避光保存(注:溶解尿素时,不超过 50℃)。

(4)10% 过硫酸铵(ammonium persulphate):1 g 过硫酸铵溶于 10 mL 去离子水中,4℃避光保存 1 周左右。

(5)5×TBE。

(6)上样缓冲液(loading buffer):49 mL 99%去离子甲酰胺,1 mL 0.5 mol/L EDTA(pH 8.0),0.125 g 溴酚蓝,0.125 g 二甲苯蓝。

(7)固定/终止液(10%冰乙酸):1 800 mL 去离子水中加入 200 mL 冰乙酸。

(8)染色液(使用前 10 min 配制):将 2 g $AgNO_3$、3 mL 37% 甲醛加入去离子水中,混匀后定容至 2 000 mL。

(9)显影液:将 60 g $NaCO_3$ 加入 2 000 mL 去离子水中,加热溶解后,冷却至 4℃,使用前 5 min 加入 3 mL 37% 甲醛,400 μL 10 mg/mL $Na_2S_3O_3$。

(10)0.1 mol/L $Na_2S_3O_3$:将 2.48 g $Na_2S_3O_3 \cdot 5H_2O$ 溶于 100 mL 去离子水中,4℃保存。

(11)四甲基乙二胺(N,N,N′,N′-tetramethylethylenediamine,TEMED)。

四、实验步骤

1. 凝胶的制备

(1)玻璃板的清洗及硅化:用洗涤剂擦洗玻璃板,自来水清洗干净。将待硅化和反硅化的一面用双蒸水冲洗 1～3 次,再用少许无水乙醇擦洗 2 遍后晾干。在通风橱中,用无屑纸巾蘸约 2 mL 的亲和硅化液(0.5% 亲和硅烷)充分擦拭待硅化的长板,晾干;用无屑纸巾蘸约 4 mL 的反硅化液(2% 剥离硅烷)充分擦拭待反硅化的短板(带凹槽),晾干。

(2)电泳槽的组装及水平检测:将长板硅化的一面向上,将 2 个边条整齐地放于玻璃板两侧,再将短板反硅化的一面向下与之对应重叠,然后两侧用大号装订夹夹好,随后将灌胶底座装上,将整个装置水平放置(用水平仪检测)。

(3)胶的配制:6% 变性聚丙烯凝胶的配制(根据玻璃板大小选择制胶量)如下。

6% 丙烯酰胺凝胶贮备液	60 mL
10% 过硫酸铵	100 μL
TEMED	60 μL

迅速混匀,并避免产生气泡。

(4)灌胶:将封好的玻璃板按倾斜角度放置(不超过 30°),沿灌胶口边轻轻敲打边轻轻将胶灌进,以防止出现气泡。待胶流动到底部,水平仪检测将玻璃板放平,在灌胶口轻轻插入鲨鱼齿梳子(梳齿朝外插入约 0.5 cm),插入时小心防止出现气泡,静置聚合 1～2 h。

2. 电泳

(1)预电泳:胶聚合好后,除去装订夹及梳子,清洗灌胶口并将残留在槽上的尿素等冲洗干净。用夹板将胶室固定在电泳槽中,旋紧底槽螺丝。在上、下槽倒入适量 1×TBE 缓冲液。80 W 恒功率预电泳 30 min。

(2)样品变性

①25 μL PCR 反应产物加入 7 μL 上样缓冲液(loading buffer),混匀,瞬时离心。

②94℃变性 5 min(在 PCR 仪上进行),立即放入冰盒内,冷却备用。

(3)电泳

①吹出胶面碎胶和气泡,插好梳子,使梳齿尖触到胶面,清除加样孔(梳子相临两齿之间)的气泡。

②加样 6 μL,80 W 恒功率电泳当溴酚蓝跑到胶板底部(约 2 h)即可关闭电源,停止电泳。

③卸胶板时,首先将上槽的电泳缓冲液通过放水孔放出,再取下顶部安全盖、电极架、固定板。

④取出胶板,小心地分开两块玻璃板,胶会紧贴涂有亲和硅烷的长板上,一起进行银染。

3.银染

①脱色与固定:将有胶的玻璃板放入塑料盒内(胶面朝上),倒入 2 L 新配制的 10％冰醋酸溶液(固定/终止液),在水平摇床上轻摇 20～30 min 至胶全部脱色。

②冲洗:用去离子水冲洗胶板 3 次,每次 5 min,沥干。

③染色:加入染色液,轻摇染色 30 min。

④显影:用去离子水冲洗胶板不超过 5 s,把胶板控水后快速转移到 2 L 预冷的显影液并轻轻摇动,直至清晰带纹出现。

⑤定影:将胶板放入第一步用过的固定/停止液中,并轻摇 3～5 min,终止显影,然后用去离子水冲洗 2 次,每次 2 min,室温自然干燥,胶板可永久保存。

五、结果与分析

于可见光灯箱上观察电泳结果,并拍照记录、分析。

六、注意事项

(1)配制本实验药品、试剂时一定要在通风橱进行,使用有毒药品须戴口罩和手套(如丙烯酰胺、亲和硅烷等)。

(2)处理硅化板的用具一定要与处理反硅化板的用具分开,以避免交叉污染,导致凝胶撕裂或松脱。

(3)配制凝胶时,丙烯酰胺凝胶贮备液、过硫酸铵和 TEMED 要充分混匀,而且要迅速,防止凝胶提前聚合。

(4)灌胶时灌胶口不要倾斜太高,以免出现气泡,灌胶速度要均匀,一气呵成。待胶全部注入后放平时要用水平仪调平。插入鲨鱼齿梳子时,齿要朝外,插入深浅按上样量多少进行调整,插入时小心防止出现气泡。凝胶温度不应太低,否则不易凝。

(5)预电泳时间不应低于 30 min,吹洗干净灌胶口析出碎胶及尿素后再插入梳子,样品要点在梳子相临两齿之间,进样时速度不要过快。

(6)在对样品进行变性时,95℃ 5 min 后放入冰中要迅速。

(7)电泳时,胶板温度要保持在 40～50℃,避免由温度过高引起电泳板炸裂。电泳过程中为高压电泳,因此,应注意安全,避免接触电泳缓冲液。

(8)银染第四步水洗时,洗涤时间的控制极其重要,从凝胶浸入去离子水到转入显影液的时间总共不要超过 5~10 s,洗涤时间过长会引起检测信号减弱甚至丢失。如果在水中浸泡时间过长,可以将凝胶在染色液中重新浸泡。

(9)整个银染过程需戴手套拿住胶板边缘,以免在凝胶上留下指纹。

(10)银染过程中使用的水应为去离子水或双蒸水。

(11)电泳缓冲液可重复使用,但时间不宜过长。

(12)Na_2CO_3 显影液配好后要冷却至 4℃,否则反应速度过快影响显影效果,如果胶背景深可少加甲醛。

七、思考题

1.简述实验中各试剂的用途。

2.变性聚丙烯酰胺凝胶电泳为什么要用高压并进行预电泳?

八、实验流程图

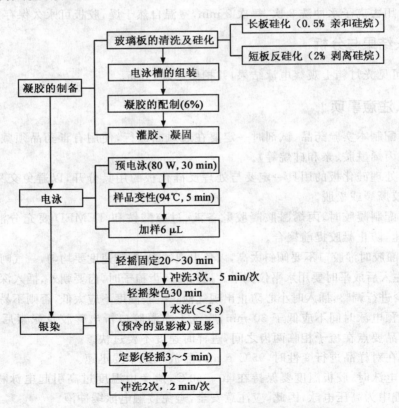

图 2-21　变性聚丙烯酰胺凝胶电泳银染检测技术流程

实验二十一 农杆菌叶盘法转化目的基因

一、实验目的

通过农杆菌介导获得含有目的基因的转基因植株,学习利用农杆菌及其相应的 Ti 质粒转化植物的原理和方法。

二、实验原理

土壤农杆菌侵染植物的伤口后,存在于其中的 Ti 质粒可以借助于它的 T-DNA 区域整合到植物的染色体上。利用基因工程技术把目的基因整合在 T-DNA 区域,这样目的基因就可以借助于 T-DNA 的转移而整合到植物染色体上,从而达到外源基因对植物的转化。由于 Ti 质粒上常常含有抗生素基因,所以可以通过含有抗生素的选择培养基把含有目的基因的转化细胞与不含目的基因的非转化细胞区别开来。

土壤农杆菌转化植物的方法有多种,最广泛应用的技术是所谓的叶盘法(leaf disc)。植物叶片可以提供丰富的遗传一致性受体材料,而且大多数植物可以通过简单的组织培养技术再生成完整植株。叶盘法非常简单:首先将叶片消毒,切成小片,与土壤农杆菌共培养一段时间。转移到含有抗生素的选择出芽培养基上,在这种培养基上,未经转化的细胞被抗生素杀死,转化细胞则在 2~3 周内长出愈伤组织和幼芽,幼芽长到一定大小就转到生根培养基上生根,得到小植株。小植株转进土壤后继续生长就可获得完整的转基因植株;

三、实验材料、主要仪器和试剂

1. 材料

含目的基因共整合载体或双元载体的根癌农杆菌;植物无菌幼苗或新鲜植物(烟草)叶片。

2. 主要仪器及用具

(1)超净工作台。

(2)高压蒸汽灭菌锅。

(3)高速冷冻离心机。

(4)电子天平。

(5)紫外分光光度计。

(6)光照培养箱。

(7)三角瓶。

(8)烧杯。

(9)微孔滤器及滤膜。

(10)打孔器。

(11)微量移液器及吸头。

(12)培养皿。

(13)微量离心管。

(14)镊子。

(15)记号笔。

(16)酒精灯。

3.试剂

(1)抗生素。

(2)MS 基本培养基(见附录Ⅱ)。

(3)YEB 培养基。

(4)植物的选择培养基。

(5)植物的生根培养基。

四、实验步骤

1.无菌受体材料的制备

取无菌植物材料(无菌试管苗或消毒好的田间或温室材料),将无菌叶片剪成 0.5 cm×0.5 cm 的小块或用 6 mm 打孔器打成叶圆盘。

2.农杆菌培养

从平板上挑取单菌落,接种到 20 mL 附加相应抗生素的培养细菌的液体培养基中,在恒温摇床上,于 27℃、180 r/min 摇瓶培养至 OD_{600} 为 0.6～0.8,按 1％～2％的比例,转入新配制的无抗生素的细菌培养液体培养基中,可在与上述相同的条件下培养 6 h 左右(OD_{600} 为 0.2～0.5 时)即可用于转化。

3.侵染

于超净工作台上,将菌液倒入无菌小培养皿中(可根据材料和菌液的情况进行不同倍数的稀释),将叶圆盘放入菌液中,浸泡适当时间(一般 1～5 min,不同材料处理时间不同),取出外植体置于无菌滤纸上,吸去附着的菌液。

4.共培养

将侵染过的外植体接种在愈伤组织诱导或分化培养基上,在 28℃暗培养条件下共培养 2～4 d(光对某些植物的转化有抑制作用,故需暗培养)。

5.选择培养

将经过共培养的外植体转移至加有选择压(以 NPT-II 为标记基因时一般使用卡那霉素,烟草以 100 μg/mL 的选择浓度为宜,其他植物需通过敏感实验确定)的诱导培养基上,在合适的光照和温度下培养。

6.继代选择培养

选择培养 2～3 周后,含有目的基因的外植体转化细胞将分化出抗性不定芽或产生抗性愈伤组织,而非转化细胞常常枯黄死亡。将这些抗性材料转入相应的选择培养基中进行继代扩繁培养,或转入附加选择压的生长或分化培养基中令其生长或诱导分化。

7.生根培养

待不定芽长到 1 cm 以上时,切下并插入含有选择压的生根培养基上进行生根培养,2 周左右长出不定根。

五、结果与分析

在选择培养基上成活的外植体,即分化出抗性不定芽或产生抗性愈伤组织的外植体为转化植株。还需要进一步进行 PCR、Southern 杂交等分子生物学检测来验证。

六、注意事项

(1)由于抗生素不耐热,所以在制备含有抗生素的选择培养基时,需先把不含抗生素的培养基湿热灭菌,待培养基凉至 50～60℃时,将经过微孔滤器灭菌的抗生素母液按照所需浓度加入到培养基中,混匀后凝成的即为所需的选择培养基。

(2)叶组织浸入农杆菌培养液中时间过长会导致植物细胞损伤,应适宜掌握侵染时间。

(3)叶片在培养过程中常膨大而扭曲,使切口边缘不能接触培养基不利于转化,因此可以把切口边缘压入埋藏在培养基中。

(4)如果共培养后外植体周围菌体很多,转入选择培养基前,可先用液体 MS 培养基冲洗材料,吸干液体后再转入选择培养基中。

七、思考题

1. 为提高转化细胞成活率，可采用什么措施？
2. 是否只有植物叶片可以作为农杆菌转化的受体材料？

八、实验流程图(图 2-22)

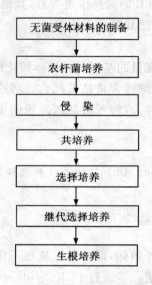

图 2-22 农杆菌叶盘法转化目的基因流程图

实验二十二 随机扩增多态性 DNA 分析(RAPD)

一、实验目的

了解基因组多态性分析技术——RAPD 的原理,掌握 PCR 操作的基本方法。

二、实验原理

RAPD(random amplified polymorphic DNA)是一种建立于 PCR 技术基础之上的分子标记技术。它首先利用一系列(通常数百个)不同的随机排列的 10 个碱基寡聚核苷酸引物对所研究基因组 DNA 进行 PCR 扩增,再经由聚丙烯酰胺(PAGE)或琼脂糖(agarose)电泳分离,经 EB 染色或放射性显影来检测扩增产物

DNA 片段的多态性。这些扩增产物 DNA 片段的多态性反映了基因组相应区域的 DNA 多态性,如图 2-23 所示。

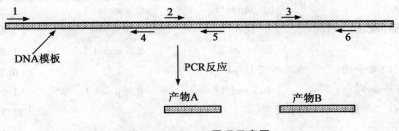

图 2-23　RAPD 原理示意图

三、实验材料、主要仪器和试剂

1. 材料

不同来源的 DNA(50 ng/μL)。

2. 主要仪器及用具

(1) 基因扩增仪。

(2) 微量移液器(0.2~10 μL,10~200 μL)。

(3) 台式离心机。

(4) 涡旋混合器。

(5) 琼脂糖凝胶电泳系统。

(6) 灭菌超薄 PCR 反应管(0.2 mL)。

3. 试剂

(1) Taq DNA 聚合酶(5 U/μL)。

(2) 10×PCR 缓冲液(500 mmol/L KCl,100 mmol/L Tris-HCl,pH 8.3)。

(3) MgCl$_2$ 溶液(25 mmol/L)。

(4) dNTP 溶液(2.5 mmol/L)。

(5) 引物 (S1025,S1026,S1027)。

(6) ddH$_2$O。

四、实验步骤

1. 在 0.2 mL PCR 反应管中配制 25 μL 反应体系。用微量移液器按表 2-16 中的组分分别加入各试剂,混匀离心。用 2 滴超纯矿物油覆盖试样,置于 PCR 仪上。

表 2-16　RAPD 反应体系各成分加样量及浓度

成分	母液浓度	终浓度	Vol/Rxn
dNTPs	100 mmol/L	0.8 mmol/L	0.2 μL
PCR 缓冲液(buffer)	10×	1×	2.5 μL
$MgCl_2$	50 mmol/L	2.5 mmol/L	1.25 μL
Taq DNA 聚合酶	5 U/μL	1 U	0.2 μL
引物(Primer)	10 μmol/L	0.4 μmol/L	1.0 μL
$supH_2O$			17.35 μL
DNA	2 ng/μL	5 ng/μL	2.5 μL

2. DNA 扩增。RAPD 反应参数见表 2-17。

表 2-17　RAPD 反应参数

温度/℃	时间	循环数
94	2 min	1
94	30 s	
35	1 min	35
72	2 min	
72	5 min	1

保存温度:4℃

3. 将 PCR 仪设置为以上程序后进行 PCR 扩增。

五、结果与分析

PCR 扩增结束后,取 5 μL 产物在 1.8％的琼脂糖凝胶上进行电泳,紫外灯下观察扩增产物并用凝胶成像系统照相保存。

六、注意事项

(1)EB 是强诱变剂,操作和使用时要戴双层手套并特别小心。

(2)PCR 反应使用的酶长期暴露于室温下容易失活,用时再从冰箱中取出。

七、思考题

1. RAPD 扩增的引物与普通 PCR 扩增选用的引物有何不同?

2. RAPD 扩增的退火温度是多少？

3. 若产物呈降解片段应该怎么办？

八、实验流程图(图 2-24)

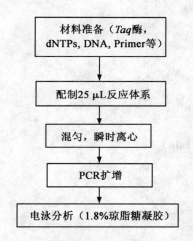

图 2-24　随机扩增多态性 DNA 分析流程

实验二十三　　RT-PCR 扩增目的基因 cDNA

一、实验目的

学习从细胞或组织的 RNA 中用逆转录 PCR 扩增目的基因的技术及操作。

二、实验原理

普通 PCR 方法可以以 DNA 为模板扩增基因,但真核生物的基因组中通常分为可转为 mRNA 的外显子和不转录的成 mRNA 的内含子,所以从染色体 DNA 用 PCR 方法扩增出的基因是内含子和外显子相间排列的 DNA 分子,不能用于基因工程的直接表达。如果用人工的方法把内含子去除,是极其繁琐费力的事。逆转录 PCR 利用逆转录病毒依赖于 RNA 的 DNA 逆转录合成酶,在反义引物或 oligo(dT) 的引导下合成 mRNA 互补的 DNA(complemental DNA),再按普通的 PCR 的方法用两条引物以 cDNA 为模板,扩增出不含内含子的可编码完整蛋白的基因。这一 DNA 的 5′和 3′端经改造可直接用于基因工程的表达,因此,逆转录 PCR 成为了目前获取目的基因的一条重要途径。

三、实验材料、主要仪器和试剂

1. 试剂

(1)RNA 模板。

(2)cDNA 引物。

(3)反转录缓冲液。

(4)dNTP。

(5)AMV 反转录酶。

(6)RNA 抑制剂(RNasin)。

(7)*Taq* 酶。

(8)10×PCR 缓冲溶液。

(9)引物(P1、P2)。

2. 主要仪器及用具

(1)PCR 扩增仪。

(2)电泳仪。

(3)台式离心机。

(4)恒温水浴。

(5)紫外分析仪。

(6)微量移液器。

四、实验步骤

(一)RNA 的反转录

(1)在小管中依次加入

5 μL RNA

6 μL DEPC H$_2$O

混合后,65℃×5 min(破坏二级结构)。

(2)置于冰浴 5 min。

(3)在管中依次加入:(反应体系为 20 μL)

RT buffer(5×)	4 μL
RNasin	0.5 μL

dNTP（10 mmol/L）   2 μL

Oligo T17A(G/C)   （50～100 μmol/L）1 μL

AMV 反转录酶   1 μL

置于 42℃×1 h。

(4)70℃×5 min(使酶失活,可省略)。

(5)加入 100 μL ddH$_2$O（从总 RNA 开始制备）或 1 000 μL ddH$_2$O(从 mRNA 开始制备)。

(6)置于－20℃保存备用。

(二)PCR 扩增 DNA

在灭菌的 0.5 mL PCR 管中,依次加入

20 μL   cDNA

10 μL   10×PCR buffer

5 μL   dNTP

2 μL   RT 引物 I

2 μL   RT 引物 II

1 μL   *Taq* DNA 聚合酶

加 ddH$_2$O 补足 50 μL ,混匀。

PCR 程序：

	94℃	3 min
35 cycles：	95℃	30 s
	55℃	60 s
	72℃	90 s
	72℃	10 min

五、结果与分析

PCR 产物的鉴定:取 20 μL PCR 产物进行 1.2% 琼脂糖电泳分析。

六、注意事项

(1)实验用品(枪头,EP 管等)的灭菌处理。

(2)实验操作过程中需要保持低温,避免 RNA 酶污染。

(3)还有提取的 RNA 的纯度要高满足反转录 PCR。

七、实验流程图

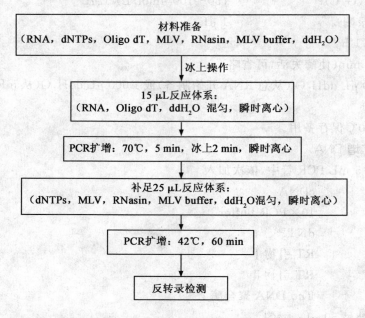

图 2-25 RT-PCR 扩增目的基因 cDNA 实验流程

第三章　生物技术综合设计性试验

实验一　菊花组织培养与快速繁殖

1　实验目的

1.1　学会植物组织培养快速繁殖技术；

1.2　培养基母液的制备、完全培养基的配置及灭菌技术；

1.3　掌握无菌操作技术；

1.4　掌握诱导培养基的筛选；

1.5　掌握继代增殖培养基的筛选；

1.6　掌握生根培养基的筛选；

1.7　掌握炼苗移栽技术。

2　涉及实验内容

2.1　培养基母液的制备；

2.2　激素贮备液的制备；

2.3　完全培养基的制备与灭菌；

2.4　无菌操作技术；

2.5　丛生芽的诱导；

2.6　无菌苗的继代增殖；

2.7　试管苗的生根培养；

2.8　试管苗的炼苗移栽。

3　实验考核要求

3.1　综合考核学生学习并运用所学理论与实践知识进行综合实验设计的能力；

3.2　综合考核学生对所学知识的拓展及实际运用能力；

3.3　综合考察学生实验操作技能及分析解决问题的能力。

实验二　马铃薯茎尖脱毒培养技术

1　实验目的

1.1　学会小（微小）茎尖组织培养脱除植物病毒技术；

1.2　掌握小茎尖剥离技术；

1.3　掌握马铃薯试管苗诱导培养基的筛选；

1.4　掌握马铃薯试管苗继代增殖培养基的筛选；

1.5　掌握马铃薯试管微型薯的诱导；

1.6　掌握脱毒苗的检测鉴定方法。

2　涉及实验内容

2.1　完全培养基的制备与灭菌；

2.2　小茎尖的剥离及无菌操作技术；

2.3　微型短枝的诱导；

2.4　Elsa 鉴定脱毒效果；

2.5　脱毒试管苗的继代增殖；

2.6　试管薯的诱导；

2.7　脱毒薯的保存和繁殖。

3　实验考核要求

3.1　综合考核学生学习并运用所学理论与实践知识进行综合实验设计的能力；

3.2　综合考核学生对所学知识的拓展及实际运用能力；

3.3　综合考察学生实验操作技能及分析解决问题的能力。

实验三　烟草细胞悬浮培养

1　实验目的

1.1　学会单细胞的分离与培养技术；

1.2　掌握单细胞的分离技术；

1.3　掌握细胞培养的方法；

1.4　掌握培养细胞活力的测定方法；

1.5　掌握细胞同步化的方法；

1.6　掌握细胞次生代谢物质的诱导方法。

2　涉及实验内容

2.1　愈伤组织的诱导；

2.2　单细胞的分离；

2.3　细胞培养；

2.4　细胞活力的测定；

2.5　细胞同步化；

2.6　细胞次生代谢物质的诱导。

3　实验考核要求

3.1　综合考核学生学习并运用所学理论与实践知识进行综合实验设计的能力；

3.2　综合考核学生对所学知识的拓展及实际运用能力；

3.3　综合考察学生实验操作技能及分析解决问题的能力。

实验四　水稻原生质体融合

1　实验目的

1.1　学会原生质体融合技术；

1.2　掌握原生质体的制备技术；

1.3　掌握原生质体融合的方法；

1.4　掌握杂交细胞的筛选方法；

1.5　掌握杂交细胞的培养技术；

1.6　掌握杂种细胞再生植株的诱导与培养；

1.7　掌握杂种植株的鉴定方法。

2　涉及实验内容

2.1　原生质体的分离与纯化；

2.2　原生质体的融合；

2.3　原生质体的培养；

2.4　杂交细胞的筛选；

2.5　杂种细胞的培养；

2.6　杂种细胞再生植株的诱导与培养；

2.7 杂种植株的鉴定。

3 实验考核要求

3.1 综合考核学生学习并运用所学理论与实践知识进行综合实验设计的能力；

3.2 综合考核学生对所学知识的拓展及实际运用能力；

3.3 综合考察学生实验操作技能及分析解决问题的能力。

实验五 外源片段的克隆与检测

1 实验目的

1.1 学会体外重组分子的设计、构建、筛选及检测；

1.2 掌握 DNA 的酶切技术；

1.3 掌握 DNA 的回收与纯化技术；

1.4 掌握 DNA 的重组连接技术；

1.5 掌握细菌的转化技术；

1.6 掌握细菌的培养技术。

2 涉及实验内容

2.1 载体的制备；

2.2 外源插入片段的制备；

2.3 电泳检测；

2.4 DNA 的回收与纯化；

2.5 载体与插入片段连接；

2.6 重组子的转化；

2.7 重组子的筛选；

2.8 重组子的检测、鉴定。

3 实验考核要求

3.1 综合考核学生学习并运用所学理论与实践知识进行综合实验设计的能力；

3.2 综合考核学生对所学知识的拓展及实际运用能力；

3.3 综合考察学生实验操作技能及分析解决问题的能力。

实验六　双元表达载体的构建

1　实验目的

1.1　学会植物表达载体的设计、构建、筛选及检测；

1.2　了解并掌握构建植物表达载体的必备元件；

1.3　掌握 DNA 的酶切技术；

1.4　掌握 DNA 的回收与纯化技术；

1.5　掌握 DNA 的重组连接技术；

1.6　掌握细菌的转化技术；

1.7　掌握细菌的培养技术。

2　涉及实验内容

2.1　载体的制备；

2.2　外源插入片段的制备；

2.3　电泳检测；

2.4　DNA 的回收与纯化；

2.5　载体与插入片段连接；

2.6　重组子的转化；

2.7　重组子的筛选；

2.8　重组子的检测、鉴定。

3　实验考核要求

3.1　综合考核学生学习并运用所学理论与实践知识进行综合实验设计的能力；

3.2　综合考核学生对所学知识的拓展及实际运用能力；

3.3　综合考察学生实验操作技能及分析解决问题的能力。

实验七　植物遗传转化技术

1　实验目的

1.1　学会植物遗传转化的方法；

1.2　学习并掌握根癌农杆菌介导的植物遗传转化方法；

    1.3   了解并掌握叶盘转化法的整个过程及操作要领。

2   涉及实验内容

    2.1   转化载体系统的建立；

    2.2   工程农杆菌的制备；

    2.3   工程农杆菌对受体植物的转化；

    2.4   后续的抗性筛选及转化植株的培养。

3   实验考核要求

    3.1   综合考核学生学习并运用所学理论与实践知识进行综合实验设计的能力；

    3.2   综合考核学生对所学知识的拓展及实际运用能力；

    3.3   综合考察学生实验操作技能及分析解决问题的能力。

实验八　植物分子标记技术

1   实验目的

    1.1   了解植物分子标记辅助育种的方法；

    1.2   学习并掌握植物分子标记辅助育种的方法；

    1.3   了解并掌握分子标记的整个过程及操作要领。

2   涉及实验内容

    2.1   分离群体的建立；

    2.2   DNA 的提取；

    2.3   引物的选择（随机引物还是特异引物，决定分子标记的类型）；

    2.4   PCR 扩增；

    2.5   数据分析。

3   实验考核要求

    3.1   综合考核学生学习并运用所学理论与实践知识进行综合实验设计的能力；

    3.2   综合考核学生对所学知识的拓展及实际运用能力；

    3.3   综合考察学生实验操作技能及分析解决问题的能力。

实验九 植物同源基因克隆技术

1 实验目的

1.1 了解植物基因克隆的方法；

1.2 学习并掌握植物同源基因克隆的方法；

1.3 了解并掌握基因克隆的整个过程及操作要领。

2 涉及实验内容

2.1 Genbank、EST 库序列查询，序列比对分析，引物设计；

2.2 RNA 提取及 cDNA 制备；

2.3 RT-PCR 扩增；

2.4 产物克隆测序；

2.5 基因全长编码区克隆；

2.6 基因表达量的分析；

2.7 基因表达载体的构建；

2.8 转基因功能验证。

3 实验考核要求

3.1 综合考核学生学习并运用所学理论与实践知识进行综合实验设计的能力；

3.2 综合考核学生对所学知识的拓展及实际运用能力；

3.3 综合考察学生实验操作技能及分析解决问题的能力。

第四章 思考题参考答案

实验一

1.配制大量元素母液时，某些无机成分如 Ca^{2+}、SO_4^{2-}、Mg^{2+} 和 $H_2PO_4^-$ 等在一起可能发生化学反应，产生沉淀物。为避免此现象发生，母液配制时要用纯度高的重蒸馏水溶解，药品采用等级较高的分析纯，各种化学药品必须先以少量重蒸馏水使其充分溶解后才能混合，混合时应注意先后顺序。特别应将 Ca^{2+}、SO_4^{2-}、Mg^{2+} 和 $H_2PO_4^-$ 等错开混合，速度宜慢，边搅拌边混合。$CaCl_2 \cdot 2H_2O$ 要在最后单独加入，在溶解 $CaCl_2 \cdot 2H_2O$ 时，蒸馏水需加热沸腾，除去水中的 CO_2，以防沉淀。另外，$CaCl_2 \cdot 2H_2O$ 放入沸水中易沸腾，操作时要防止其溢出。

2.根据所给母液浓度、蔗糖、琼脂用量、pH 值，按给出的培养基配方计算各种母液吸取量，填入表 4-1。

培养基配方：MS＋KT1.0＋BA2.0＋NAA0.2＋蔗糖 3％＋琼脂 0.7％，pH 5.8。

表 4-1 各种母液吸取量

药品名称	母液浓度	1 L 培养基母液吸取量	0.3 L 培养基母液吸取量
大量元素	10 倍液	100 mL	30 mL
微量元素 I	100 倍液	10 mL	3 mL
微量元素 II	1 000 倍液	1 mL	0.3 mL
铁盐	100 倍液	10 mL	3 mL
有机	200 倍液	5 mL	1.5 mL
BA	0.5 mg/mL	4 mL	1.2 mL
KT	0.5 mg/mL	2 mL	0.6 mL
NAA	0.5 mg/mL	0.4 mL	0.12 mL
蔗糖			
琼脂			
pH 值	5.8		

实验二

1.培养基的灭菌(采用高温高湿灭菌法)

(1)按要求向高压灭菌锅中加入一定量的去离子水。

(2)将待灭菌物品放入锅内(包括培养基、培养皿及接种用具、蒸馏水),盖好灭菌锅的盖子关好放气阀及安全阀。

(3)接通电源。当压力表指针达到 0.5 kg/cm² 时打开放气阀,当有水蒸气放出时关闭放气阀;当压力表指针到达 1.1 kg/cm² 时开始计时,维持压力 20~30 min。

(4)断电后,当压力表指针降至 0.5 kg/cm² 以下时方可打开放气阀,指针回零后打开锅盖取出物品,放入培养室备用。

2.主要区别在于是否含有凝固剂琼脂。

固体培养基呈固态,含琼脂 0.6% 以上,一般为 0.7%。液体培养基不含琼脂,为液态。

实验三

1.为了去除消毒剂。

吐温 80 或吐温 20 是表面湿润剂,能增加其渗透性,以提高杀菌效果。

2.应尽量避免做明显扰乱气流的动作(比如说、笑、打喷嚏),以免影响气流,造成污染。另外操作过程中要不时用 75% 的酒精擦拭双手。

3.对外植体表面消毒时为什么常用"两次消毒法"?

外植体消毒剂的选择要综合考虑消毒效果、不同材料对灭菌剂的耐受力、灭菌剂的去除等因素,最好选用两种消毒剂交替浸泡。

实验四

1.真菌污染主要是由霉菌引起的污染,出现各种颜色菌落,不易补救。培养基感染根霉、毛霉、黑曲霉后,隔着玻璃瓶可清楚地看到培养基表面的黑色菌落。菌落沿培养基表面生长,边缘不整齐,呈圆形,表面粗糙絮状,后期因有分生孢子的产生而呈黑色疏松的粉状堆积。培养基感染青霉后,一般先在培养基表面形成小圆点,然后逐渐扩大成淡绿色圆形,表面粗糙不平松絮状,随着时间延长形成黑色孢子。一般感染黄曲霉、米曲霉较少。污染后在培养基表面呈灰色菌落,主要集中在培养基表面,但分支菌丝伸向培养基内,在生长过程中分泌毒素和色素,呈现黄色、红色、粉色。

细菌污染的主要特点是菌斑呈黏液状和发酵泡沫状物或在材料周围的培养基中出现混浊和云雾状痕迹。如发生污染不是在外植体可以补救。金黄色葡萄球菌和枯草杆菌污染培养基后,常在培养基表面形成光滑致密带有光亮的菌落,中心向外突出,初期颜色不明显,逐渐变成淡黄色、灰色,但一般菌落发展较慢。芽杆菌污染培养基后,一般 7～30 d 才发生,常在培养基表面形成米汤样的菌落,菌落发展较慢。

2.组织培养中常用的灭菌有以下方法。

物理法:常用射线杀菌法。主要利用一些射线能够造成微生物的染色体断裂从而达到杀菌的目的。实验室常用的射线为紫外线。其不但会造成微生物的染色体发生畸变而且产生的臭氧也有杀菌的作用。

干热灭菌法:利用烘箱加热到 160～180℃,2～3 h,可以使微生物体内的蛋白质凝结,从而达到杀死微生物的目的。

湿热灭菌法(高温高压或蒸煮):在 121℃,15～30 min 条件下能过杀死绝大多数微生物的孢子从而达到灭菌的目的。

流体过滤灭菌法:空气或液体通过滤膜后,杂菌的细胞和孢子的直径因大于滤膜的孔径而被阻,被过滤的气体或液体顺利通过滤膜而呈无菌状态。

化学法(化学药剂灭菌法):利用具有杀菌作用的化学药剂配成一定浓度的液体对空气、物体表面、外植体材料及各种用具等进行处理,可达到杀灭微生物的作用。

实验五

1.组织培养实验中可能的污染途径如下。

(1)培养基途径:培养基灭菌不彻底或是用了霉变不新鲜的培养基。

(2)外植体途径:外植体表面灭菌不彻底,如灭菌药剂的作用不强或灭菌时间过短。

(3)接种工具途径:接种工具灭菌不彻底。

(4)操作人员途径:操作人员的皮肤、头发等处带有杂菌。

(5)空气途径:无菌室清洁度不够,空气中杂菌孢子含量高,操作时培养基暴露于空气的时间过长。

2.植物生长调节剂是细胞脱分化即诱导愈伤组织形成中极为重要的因素。用于诱导愈伤组织形成的常用的生长素是 2,4-D、IAA 和 NAA,所需浓度在 0.01～10 mg/L 范围内;常用的细胞分裂素是激动素和 6-BA,使用的浓度范围在 0.1～10 mg/L。在很多情况下,单独用 2,4-D 就可以成功地诱导愈伤组织发生。所以,诱导愈伤组织时,不但要注意因植物材料而采用不同的激素,同时还需因激素种类不同而选用适宜的浓度。

植物生长调节物质在细胞分化中也具有明显的效用。常用的生长素有:2,4-D、NAA、IAA 等;常用的细胞分裂素有:ZT、6-BA、KT 等。有时也会用其他类激素,如赤霉素和脱落酸等。不同激素组合配比对外植体愈伤组织生长和组织、器官的发生,以及胚状体的形成具有不同的效应。研究发现 2,4-D 和 6-BA 利于发生不定芽,NAA 利于发生不定根,ZT 利于发生花芽,IBA 利于发根。目前普遍认为生长素影响细胞壁的强度,促进细胞伸长和分裂,细胞分裂素则促进细胞分裂并影响分化方向,二者的配比是影响脱分化和分化的关键。通过内、外源激素的共同作用,进一步证明脱分化变化的因素不是二者激素总量的简单相加,而是总量的比值,因此,不同的材料因其本身内源激素不同,对外源激素的配比要求也就有所不同。

实验六

1.植物组织培养具有研究材料来源单一,无性系遗传背景一致,方法简便效率高,条件可控误差小,生长快周期短重复性强,周年试验或生产的特点。与传统繁殖比较植物的微繁殖技术可以在相对短的时间和有限的空间内提供大量的植株,可以使有价值的材料迅速增殖,可以使有性繁殖难以保持的特定杂种、不育系和不易繁殖的作物得以繁殖,还可以结合茎尖培养去除病毒获得无病毒植株及挽救濒危植物。

2.离体无性繁殖的程序

(1)无菌母株制备:在无菌条件下,用试管内继代增殖的植物材料亦称"小母株"或"繁殖母株"。技术关键:①培养材料的严格灭菌;②培养基的筛选。

(2)不定芽增殖获得的无菌母株,在无菌条件下进行再次切割,继代培养加速繁殖,使之在每个芽处形成丛生芽。芽增殖速度快、慢的关键是培养基。培养基配制中以激素为主要调节因子。

(3)完整植株的形成:完整植株的形成是在生根培养基中完成的。将继代培养的不定芽转移到生根培养基中,诱导根的分化和根系的形成,最终成为具有根、芽的试管苗。诱导根分化的关键是激素的种类和浓度。根分化所需的渗透压往往低于芽分化。

(4)再生植株的锻炼和驯化:组培苗长势较弱,直接移入土壤中,成活率较低。因此,在移栽前需要进行驯化。驯化采取循序渐进的原则。

(5)再生植株常用的鉴定方法:①植物形态学鉴定,在田间对植株进行植物学性状的观察,发现变异株可以再进一步进行细胞学鉴定;②细胞学鉴定,检查样本的根尖染色体数目以及减数分裂期的染色体行为。

实验七

1.指示植物鉴定法。

(1)提前在防虫网室内种植用于病毒鉴定的指示植物。常用的指示植物有:千日红(Gomphrena globosa)、毛叶曼陀罗(Datura stramonium)、心叶烟(Nicotiana glutinosa)、黄花烟(Nicotiana defneyl)等。

(2)当分生组织培养得到的植株长到 3 cm 以上并已生根时,做好标记,移栽于花盆中,置于防虫网室内,1 个月后取其汁液接种于指示植物上。

(3)1 周后观察是否有病斑产生。若指示植物的叶片上表现病斑,根据病斑类型判断是哪种病毒。

2.用组织培养的方法培养出无毒植株的理论依据有两个:一是植物细胞全能性学说。植物细胞全能性是指每个植物细胞都具有该物种的全部遗传信息,在适宜条件下能发育成完整的植物个体的能力。二是植物病毒在寄主体内分布不均匀。产生这种不均匀的原因可能是一般病毒顺着植物的微管系统移动,而分生组织中无此系统,活跃生长的茎尖分生组织代谢水平很高,致使病毒无法复制;植物体内可能存在"病毒钝化系统",而在茎尖分生组织内活性最高,钝化病毒,使茎尖分生组织不受病毒侵染;茎尖分生组织的生长素含量很高,足以抑制病毒增殖。

实验八

1.在进行细胞代谢及不同物质对细胞影响的研究时,使用细胞系统比完整的器官或植株具有更大的优越性。使用游离细胞系统时,可以让各种化学药品或放射性物质很快作用于细胞,又能迅速停止这种作用;通过单细胞的克隆化,可以把微生物遗传学技术应用于高等植物以进行农作物的改良。

分离单细胞的方法大致有两条途径:一是由完整的植物器官分离单细胞;另一条是由组织培养得到的愈伤组织中分离单细胞。

由完整的植物器官分离单细胞有以下方法。

(1)机械法:叶组织是分离单细胞的最好材料。①刮离法:Ball 和 Joshi(1965)、Joshi 和 Noggle(1967)以及 Joshi 和 Ball(1968)曾先后由花生成熟叶片得到离体细胞。其方法是先撕去叶表皮,使叶肉暴露,然后再用小解剖刀把细胞剖下来,直接在液体培养基中培养。②研碎法:是目前多采用的分离叶肉细胞的方法。把叶片轻轻研碎,低速过滤离心获得游离细胞。

机械法分离细胞的优点是细胞不致受到酶的伤害并无须质壁分离,对生理、生化研究较为理想。缺点:适用范围不普遍。只适于细胞排列松散、细胞间接触点少的薄壁组织。

(2)酶解法:果胶酶(纤维素酶)处理。有可能得到海绵组织薄壁细胞或栅栏薄壁细胞的纯材料。

禾谷类植物,如大麦、小麦、玉米难用此法,原因是叶肉细胞伸长并在若干点发生收缩,因而细胞间可能形成一种互锁结构阻止分离。

由愈伤组织中分离单细胞:把粉化的和易散集的愈伤组织转移到三角瓶或其他适宜容器内进行液体悬浮振荡培养。

2.无论采用机械法还是酶解法分离单细胞,进行细胞计数时显微镜载物台要水平,然后依次查红血球计数板中央大方格内 25 个中方格内的细胞数,然后依据下式求每毫升溶液中的细胞数。

1 mL 悬液中细胞数=1 个大方格悬浮液(0.1 mm³,即 0.1 μL)细胞数×10×1 000

3.高等植物叶片的绿色细胞具有植物界特有的叶绿体,是利用太阳能进行光合作用的重要功能细胞。绿色光合细胞的人工培养是研究叶绿体结构与功能、生物发生、遗传及其调节控制的重要手段。还可为培养高光合功能品种的探索性研究打下基础。此外叶片光合细胞的发酵培养,为利用叶肉细胞中的特有成分,如药用成分、稀有成分以及其他各种次生物质的工业化生产提供了新的途径。

4.2 d 内镜检,即可以观察到细胞的生长。较常见的一种生长情况是细胞从一端膨大成为葫芦形。培养 3 d 后即可普遍地看到细胞分裂。培养 2 周左右就可得到肉眼可见的小细胞团。

实验九

1.在基础研究方面,利用原生质体作为材料,可以用于研究细胞壁的再生及各种细胞器在细胞壁再生中的作用;研究质膜在能量转换、物质转运以及信息传递等方面的作用。原生质体培养可用于外源基因转化、体细胞杂交、无性系变异及突变体筛选等的研究。此外,植物原生质体作为一个良好的实验系统并被用于植物细胞骨架、细胞壁的形成与功能、细胞膜的结构与功能、细胞的分化与脱分化等理论问题的研究。原生质体培养和植株再生以及获得可育后代,为细胞工程的实用化提供了可能。

2.分离原生质体过程中的酶液成分:

酶液成分为 4%纤维素酶＋0.4%离析酶＋600 mmol/L 甘露醇 ＋ 清洗培

养基

清洗培养基成分(mg/L):

KH_2PO_4	27.2	KNO_3	101.0
$CaCl_2 \cdot 2H_2O$	1 480.0	$MgSO_4 \cdot 7H_2O$	246.0
KI	0.16	$CuSO_4 \cdot 5H_2O$	0.025

3.密度梯度离心可获得纯化的原生质体。

实验十

1.诱导原生质体融合的方法有三大类:化学法、物理法、病毒法。

(1)化学法(引用颜昌敬法):利用化学试剂作诱导剂处理原生质体使其融合,化学融合又分多种。①PEG 法。②高[Ca^{2+}]和高 pH 值诱导。③高钙、高 pH 值及 PEG 结合诱导法。④离子诱导融合法:常用的盐有 $NaNO_3$、K_2CO_3、$Ca(NO_3)_2$、$CaCl_2$、NaCl 等阳离子可中和原生质体表面负荷,促进原生质体聚集,对原生质体无损害,但融合率低。⑤琼脂糖融合法。

(2)物理方法:①电融合法。②磁-电融合法。③超声-电融合法。④电-机械融合法。

(3)病毒融合法:常用的病毒有仙台病毒、新城鸡瘟病毒、流感病毒及疱疹病毒。目前只有日本的几个实验室还习惯用它作促融剂。

2.本实验采用 PEG 法促进原生质体融合。这种方法是一项培养大批体细胞杂种植株的卓有成效的技术,也是应用最早的化学融合方法。

PEG 具有强烈吸水性及凝集和沉淀蛋白质作用,对植物及微生物原生质体和动物细胞的融合均有促进作用。当不同种属的细胞混合液中存在 PEG 时,即产生细胞凝集作用,在稀释和除去 PEG 过程中即产生融合现象,但作用机理尚不清楚。不过目前应用者较多,所用 PEG 的相对分子质量为 1 000~6 000 u,对不同融合对象需测试其使用浓度、反应温度及作用时间。一般浓度为 40%~50%,在 37℃下作用 2~3 min 效果最佳,但其促融作用也有随机性,无法人为控制。

实验十一

1.制备的 DNA 的溶液应具备以下条件:①含有螯合剂,如 EDTA;②pH 值为 5~9;③有一定离子强度(强度越高,DNA 越稳定)。(TE 满足以上要求,但如需对所得 DNA 进行酶切,EDTA 浓度不可过高,一般用 0.1×TE 或 0.2×TE)。

2.为了防止 DNA 的降解,提取过程中应注意以下几点。

(1)使用的研钵最好预先冷处理。研磨好的植物材料细粉末在转入离心管之前最好不要让它融化,因为冷冻的材料若在液氮中研磨时或研磨前就已融化,植物细胞中的内源核酸酶就会降解DNA,使最终提取到的DNA在琼脂糖凝胶上不易形成清晰的条带,而弥散一片。冷冻后的粉末应为淡灰绿色,融化后绿色会加深。

(2)用酚/氯仿/异戊醇抽提时,摇晃一定要轻,否则容易使DNA断裂。

(3)植物材料中,特别是老的或是以逆境处理的材料含有大量的酚类化合物,这些酚类化合物氧化后易与DNA共价结合,使DNA带棕色或褐色,并能抑制DNA的酶解反应。为防止这类情况出现,抽提缓冲液中的巯基乙醇的浓度可提高到2%~5%。如果可能,最好选用更新鲜、更幼嫩的材料。

(4)对于高相对分子质量DNA来说,操作过程中应该始终避免剧烈地振动,在用Tip头吸取过程中应避免产生气泡,绝不能用微量进液器吸上吸下地溶解DNA,使用的Tip头最好要口径大的或是剪掉枪头尖。另外,应避免重复冻融步骤。

(5)乙醇沉淀高相对分子质量DNA后离心时速度不宜太高,提取的DNA不宜过分干燥,否则易使沉淀结块,很难溶解,搅拌溶液易引起DNA分子的断裂。难溶的DNA沉淀也可用50℃水浴助溶。

实验十二

1.核酸具有较强的酸性和较低的等电点。DNA分子中两个单核苷酸残基之间的磷酸基的解离具有较低的pK值(pK = 1.5左右),当溶液的pH值高于4时,磷酸基全部解离,整个DNA分子呈多阴离子状态。这样,DNA所受的电荷效应就是指DNA分子在高于其等电点的pH溶液中带有负电荷。在外加电场的驱使下向正极移动。DNA分子所受到的分子筛作用是指当其在电场中通过凝胶介质泳动时,还要受到凝胶介质网孔状结构的阻碍作用。这种效应对DNA分子大小具有筛选作用。不同大小的DNA分子或片段在通过具有网孔状结构的凝胶介质时,受到的阻碍不相同,大分子DNA受到的阻碍大,其运动速度慢。这就使相对分子质量大小不同的DNA经过一定时间电泳后,具有不同的迁移位置而得到分离。在已知相对分子质量的DNA存在的条件下,可推算出未知样品DNA的相对分子质量。琼脂糖凝胶电泳可以将未知样品与标准样品在同一块凝胶板上进行电泳。因此,各种样品在电泳时条件是完全一致的,便于对多种实验样品进行比较。

2.在凝胶电泳中,首先应用的是琼脂电泳,它具有下列优点:①琼脂含液体量大,可达98%~99%,近似自由电泳,但是样品的扩散度比自由电泳小,且对样品的吸附极微。②琼脂作为支持体有介质均匀,区带整齐,分辨率高,重复性好等优点。③电泳速度快。④透明而不吸收紫外线,可以直接用紫外检测仪作定量测定。⑤区带易染色,样品易回收,有利于制备。然而,琼脂中有较多硫酸根,电渗作用大。琼脂糖是从琼脂中提取出来的,是由半乳糖和3,6-脱水-*L*-半乳糖相互结合的链状多糖,含硫酸根比琼脂少,因而分离效果明显提高。DNA的琼脂糖凝胶电泳的操作简单、快速、灵敏度高,所需DNA的样品量可低于0.1 μg。选用的琼脂糖凝胶的浓度与被分离的DNA的相对分子质量有关。0.6%~1.4%的琼脂糖凝胶适用于相对分子质量为$(3\sim11)\times10^6$ u的DNA和DNA片段的分离。

3.影响DNA分子在电泳中的迁移率有多种因素。除了决定于DNA分子大小与构象外,还有琼脂糖凝胶的浓度、电压大小、缓冲液pH值和电泳时的温度等。为了精确测定其相对分子质量的大小,我们采用以下措施:①每次测定时,要有已知相对分子质量的DNA片段作为标准,进行对照电泳。②选择最合适的电泳条件:ⓐ合适的电压。在低电压时,线状DNA片段的迁移速度与电压成正比。当电场强度(单位长度的电压)提高时,大相对分子质量DNA的迁移速度就不再与电压成正比,所以大相对分子质量DNA的电泳电压一般不超过5 V/cm。ⓑ电泳液都采用缓冲液,以保证比较稳定的pH值。在长时间的电泳过程中,在电泳槽两端的离子强度差异很大,要能相互沟通,保持离子强度的一致。ⓒ根据待测相对分子质量范围选择合适浓度的凝胶,提高分子筛效应,降低电荷效应(增加琼脂糖凝胶的浓度,可在一定程度上降低电荷效应)。ⓓ通过同时进行几个不同用量的DNA电泳,确定点样量。DNA点样量的多少与DNA分子的酶切片段多少有关。此外,还与DNA的纯度与鉴别方法有关。一般0.1 μg DNA的用量,已足够肉眼观察。

4.琼脂(糖)电泳液都采用缓冲液,以保证比较稳定的pH值。pH值的剧烈变化会影响DNA分子所带的电荷,因而也影响正常的电泳速度。常用缓冲液的pH值在6~9之间,离子强度为0.02~0.05。离子强度过高时,会有大量电流通过凝胶,因而产生热量使凝胶的水分蒸发,析出盐的结晶,甚至可使凝胶断裂,电流中断。最常用的电泳缓冲液为Tris-硼酸盐缓冲体系,因为其缓冲能力强。为了防止电泳时两极缓冲液槽内pH值和离子强度的改变,可在每次电泳后合并两极槽内的缓冲液,混匀后再用,保持离子强度的一致。

5.EB染料有许多优点,如染色操作简便、快速,若在凝胶或电泳缓冲液中加入EB,在电泳过程中随时可以观察核酸的泳动。若在电泳结束后染色,只需将凝胶直接浸泡在0.5 μg/mL的EB中,室温下染色15~30 min即可。EB染色不会造成核酸断裂,染色灵敏度高,可检出10 ng甚至更少的核酸。在需要时,可以用正丁醇提取来去除样品中的EB,这时被分离的核酸可继续用作下游研究工作,非常方便(这种情况应选择366 nm的紫外线激发荧光,以避免DNA损伤)。

但应特别注意的是,EB是强诱变剂并有中度毒性,配制和使用EB染色液时,务必戴上防护用的乳胶手套或一次性手套。如不慎皮肤与溶液接触,应立即用清水彻底冲洗。注意不要将该染色液洒在桌面或地面上，凡是沾污 EB 的器皿或物品，必须经专门处理后才能进行清洗或弃去。

含有 EB 的溶液使用后应进行净化处理，使其致诱变活性降低为原来的 1/200 左右，才可以丢弃。可以在每 100 mL EB 溶液中加入 100 mg 粉状活性炭于室温放置 1 h，不时摇动，用滤纸过滤，弃滤液，用塑料袋封装滤纸和活性炭，作为有害废物处理。

实验十四

1. 碱解法抽提质粒 DNA 各溶液的作用。

（1）溶液 I：葡萄糖用于增加溶液的黏度，防止 DNA 受机械剪切力作用而降解。EDTA 是金属离子螯合剂，螯合 Mg^{2+}、Ca^{2+} 等金属离子，抑制脱氧核糖核酸酶（DNase）对 DNA 的降解作用（DNase 作用时需要一定的金属离子作辅基）。同时 EDTA 的存在有利于溶菌酶的作用，因为溶菌酶的反应要求有较低的离子强度的环境。

（2）溶液 II（NaOH-SDS 液）：NaOH 用于调节 pH 值。核酸在 pH 值为 5～9 的溶液中是稳定的，但 pH 大于 12 或小于 3 时，就会引起双键之间氢键的解离而变性。在溶液 II 中的 NaOH 浓度为 0.2 mol/L，加入抽提液时，该系统的 pH 值就高达 12.6，因而促使染色体 DNA 与质粒 DNA 变性。SDS 为阴离子表面活性剂，主要功能有：溶解细胞膜上的脂肪与蛋白，从而破坏细胞膜，解聚细胞中的核蛋白。SDS 能与蛋白质结合为复合物，使蛋白质变性而沉淀下来。但 SDS 能抑制核糖核酸酶的作用，所以在以后的提取过程中，必须把它去除干净，以防用 RNase 去除 RNA 时受到干扰。

（3）溶液 III（pH 4.8 3 mol/L KAc 溶液）：KAc 的水溶液呈碱性，为了调至 pH 4.8，必须加入大量的冰醋酸，所以该溶液实际上是 KAc-HAc 的缓冲液。用 pH 4.8 的 KAc 溶液是为了把 pH 12.6 的抽提液的 pH 值调回到中性，使变性的质粒 DNA 能够复性，并能稳定存在。而高盐的 3 mol/L KAc 有利于变性的大分子染色体 DNA、RNA 以及 SDS-蛋白质复合物凝聚而沉淀下来。前者是因为中和核酸上的电荷，减少相斥力而互相聚合，后者是因为钠盐与 SDS-蛋白质复合物作用后，能形成溶解度较小的钠盐形式复合物，使沉淀更完全。

2. 纯化 DNA 的方法主要依据染色体 DNA 比质粒 DNA 分子大得多，而且染色体 DNA 被断裂成线状分子，但质粒 DNA 为共价闭环结构，当加热或用酸、碱处理 DNA 溶液时，线状染色体 DNA 容易发生变性，共价闭环的质粒 DNA 在冷却和回到中性 pH 时即恢复其天然构象。

在全部提取过程中,只有一次机会去除染色体 DNA,其关键步骤是加入溶液Ⅱ与溶液Ⅲ时,控制变性与复性操作时机,既要使试剂与染色体 DNA 充分作用使之变性,又要使染色体 DNA 不断裂成小片段而能与质粒 DNA 相分离。这就要求试剂与溶菌液充分摇匀。摇动时用力适当,一般加入 SDS 后要注意不能过分用力振荡,但又必须让它反应充分。

3. 乙醇沉淀是最常用的沉淀 DNA 的方法。乙醇的优点是低度极性,可以以任意比例和水相混溶。乙醇与核酸不会起任何化学反应,对 DNA 很安全,因此是理想的沉淀剂。

DNA 溶液是以水合状态稳定存在的 DNA,当加入乙醇时,乙醇会夺去 DNA 周围的水分子,使 DNA 失水而易于聚合。一般实验中,是加 2 倍体积的无水乙醇与 DNA 相混合,其乙醇的最终含量占 67% 左右。因而也可改用 95% 乙醇来代替无水乙醇(因无水乙醇价格更贵),但加 95% 乙醇使总体积增大,而 DNA 在溶液中总有一定程度的溶解,因而 DNA 损失也增大,尤其用多次乙醇沉淀时会影响回收率。折中的做法是初次沉淀 DNA 时用 95% 乙醇代替无水乙醇,最后的沉淀步骤要使用无水乙醇。也可以用异丙醇选择性沉淀 DNA,一般在室温下放置 15～30 min 即可。

使用乙醇在低温条件下沉淀 DNA,分子运动大大减少,DNA 易于聚合而沉淀,且温度越低,DNA 沉淀得越快。用乙醇沉淀 DNA 时,要观察水相与乙醇之间没有分层现象之后,才可放在冰箱中去沉淀 DNA。

实验十五

1. 根据经验数据,纯的 DNA 溶液,其 $OD_{260}/OD_{280} = 1.8 \sim 2.0$,$OD_{260}/OD_{230} > 2.0$。因此,根据测定结果可对 DNA 纯度进行判定。通常蛋白质和核酸等都能吸收紫外光。蛋白质的吸收高峰在 280 nm 处,在 260 nm 处的吸收值仅为核酸的 1/10 或更低;RNA 的 260 nm 和 280 nm 吸收的比值在 2.0 以上;DNA 的 260 nm 和 280 nm 吸收的比值则在 1.9 左右。因此,样品中混杂 RNA、蛋白质等都会引起经验比值变化。

2. 干扰核酸纯度的物质有 DNA 样品内混杂的蛋白质、酚类物质、RNA 以及残存的盐和其他小分子杂质。

3. OD_{230} 产生负值是由于在很低 DNA 浓度的溶液中一些其他成分的干扰所导致的。在下一个测定中需要降低样品的稀释度,OD_{230} 的负值会被校正。同时需注意 OD_{230} 的读数也必须大于 0.1 才能保证可靠的结果。

实验十六

1. DEPC 是 RNase 的不可逆抑制剂,可以抑制 RNA 的降解作用。

2. 为避免 RNase 的污染,实验中所用到的全部溶液、玻璃器皿、塑料制品都必须特别处理。由于 RNase 污染的主要来源之一,所以在整个 RNA 制备的操作过程必须戴上手套。实验用的溶液均需用焦碳酸二乙酯(DEPC)处理以使 RNase 失活,但由于 DEPC 会与 Tris 发生化学反应而失效,因此,DEPC 处理含 Tris 的溶液效果不好。玻璃器皿须在 180℃条件下烘烤 8~10 h(高压不能完全灭活 RNase);塑料制品直接从商品包装中取用,一般是没有污染的,但最好用氯仿冲洗处理。

实验十七

1. 复性温度根据引物的 GC 含量所决定的 Tm 值(解链温度)来确定,一般为:

$$复性温度\ t = Tm\ 值 - (5~10℃)$$

选择较高的复性温度有利于 PCR 产物的特异性,一般复性温度要在 55℃以上。

2. 末轮扩增延长时间可保证扩增产物得到充分延伸,以得到全长的 PCR 产物。

3. 最后加入 Taq DNA 聚合酶是为了避免在程序运行前体系内发生化学反应,保证 PCR 反应的特异性。

实验十八

1. 连接酶的最适温度为 37℃。

2. 连接反应的温度在 37℃时有利于连接酶的活性,但是在这个温度下黏性末端的氢键结合是不稳定的。$EcoR$Ⅰ酶切所产生的末端,仅仅通过 4 个碱基对相结合,这不足以抵抗该温度下的分子热运动。因此,实际操作时 DNA 分子黏性末端的连接反应,其温度是折中采取催化反应与末端黏合的温度 16℃。

3. 大部分耐热性 DNA 聚合酶反应时,都有在 PCR 产物的 3′末端添加 1 个或几个"A"碱基的特性,T 载体是两侧的 3′端添加"T"而成。利用 PCR 产物 3′末端的"A"碱基与 T 载体 3′末端的"T"碱基间的互补配对,经连接酶作用完成 PCR 产物与载体的连接。

实验十九

1. 为达到高效转化,细菌中活细胞数务必少于 10^8 个/mL,对于大肠杆菌来说这相当于 OD_{600} 为 0.4 左右,而选择 OD_{600} 达到 0.35 时,收集菌体可保证较高的转化效率。

2. 37℃低温振荡是为了使细菌复苏并表达质粒编码的抗生素抗性基因,提高转化效率。

3. 质粒上具有的 β-半乳糖苷酶前 146 个氨基酸编码序列及调控序列,可编码 β-半乳糖苷酶的 N 端,而大肠杆菌宿主细胞具有编码 β-半乳糖苷酶 C 端的功能,如果没有插入片段破坏质粒上编码 β-半乳糖苷酶 N 端的功能片段,则转化后实现 α 互补,生成 β-半乳糖苷酶,通过 IPTG 诱导将生色指示剂 X-gal 降解为半乳糖和深蓝色的 5-溴-4-氯-4-靛蓝,从而使菌斑变为蓝色。如果有外源片段插入则破坏了质粒上的功能片段,就无法实现 α 互补,菌斑为白色。借此可对转化子进行检测。

实验二十

1. 实验中各试剂用途如下。

(1)bind-silane 和 repel-silane:做变性胶时铺出的胶很薄,0.2~0.5 mm,因此给剥胶造成一定的困难。bind-silane 是使胶粘到一玻璃板上,而 repel-silane 是使胶不粘于另一玻璃板上,这样容易将胶板剥开,同时胶粘于玻璃板上,一起染色,可防止胶在摇晃中碎裂。

(2)聚丙烯酰胺:在由 TEMED(N,N,N′,N′-四甲基乙二胺)催化过硫酸铵还原产生的自由基的存在下,丙烯酰胺单体的乙烯基聚合形成聚丙烯酰胺的线状长链。在双功能交联剂 N′,N′-亚甲双丙烯酰胺的参与下的共聚合反应中聚丙烯酰胺的交联链形成三维带状网格结构,其孔径的大小呈正态分布。由于这些网格孔径的平均直径决定于丙烯酰胺和双功能交联剂的浓度,研究人员可调节孔径大小,因而扩展了凝胶的分离范围。

(3)过硫酸铵与 TEMED:过硫酸铵是聚合的催化剂,TEMED 是辅助催化剂。聚合反应由氧化还原反应产生的自由基推动。过硫酸铵放置时间较长会失去足够的催化能力,而产生 DNA 条带模糊或各种形式的凝胶聚合不均的后果。TEMED 容易吸潮,必须 4℃贮存在密闭的棕色瓶中。与蛋白质电泳相比,TEMED 的使用量很大,这确保了聚合足够快和足够均匀。聚合速度与温度有关,温度越低聚合越慢。

(4)溴酚蓝与二甲苯蓝:上样前混合载样缓冲液和样品。载样缓冲液有三个作用:它增加样品密度以保证 DNA 沉入加样孔内;使样品带有颜色便于简化上样过程;其中的染料在电场中以可预测的泳动速率向阳极迁移。溴酚蓝在琼脂糖凝胶中迁移速率是二甲苯蓝的 2.2 倍,这一特性与胶的浓度无关。

(5)去离子甲酰胺:DNA 变性剂,减少 DNA 形成二级结构而造成的电泳条带压缩。

（6）TBE：用于聚丙烯酰胺电泳的垂直电泳槽的缓冲液池一般较小，故所通过的电流量通常相当大，因此要用 $1\times$ TBE 才能够保证适当的缓冲容量，pH 值应接近 8.3。

（7）尿素：胶中加入尿素作为变性剂，以确保 DNA 片段保持单链状态并以直线运动。溶解尿素的过程十分缓慢，必须依靠外部热量。

（8）$AgNO_3$/$NaCO_3$/甲醛：$AgNO_3$ 中的银离子可与核苷酸结合，在 $NaCO_3$ 碱性环境下，甲醛能使银离子还原从而使凝胶中的 DNA 得以显带，此方法称为银染法。

（9）$Na_2S_2O_3$：在显影液中加入 $Na_2S_2O_3$ 等非中性弱酸盐，有助于条带的显现，并保持显带的稳定性，维持胶的浅色背景。

2.高压为了保证在足够恒定的功率下，使胶维持 $45\sim50℃$。另外提高电压可以使条带变得尖锐（sharp）起来。预电泳使胶均匀，去除过量的过硫酸铵，使胶板温度升到 $45\sim50℃$。

实验二十一

1.为提高转化细胞成活率，可采用哺育细胞看护培养及延迟筛选的方法.哺育细胞看护培养是以迅速生长的植物细胞悬浮系（常用胡萝卜悬浮细胞系）为哺育细胞。共培养时在共培养的培养基表面铺上一层哺育细胞层，然后覆盖一张无菌滤纸，将侵染后的材料放在滤纸上面进行共培养，哺育细胞的滋养有利于转化细胞成活。所谓延迟筛选是指共培养后的材料不马上转入筛选培养基中，而是先转入只含有抑制农杆菌生长的抗生素（如羧苄青霉素或头孢霉素）、不含选择压（如卡那霉素）的分化或愈伤组织诱导培养基中培养 $5\sim10$ d（称脱菌培养），然后再转入具有选择压的筛选培养基中进行抗性筛选。延迟筛选的好处是转化细胞受非转化细胞滋养有利于成活，缺点是常造成假转化现象及嵌合体出现，即能在选择培养基上成活的所有外植体并不一定全部都是含有外源基因的转基因植株，还需要进一步进行 PCR、Southern 杂交等分子生物学检测来验证。

2.除了叶圆盘法外，可作为农杆菌直接侵染法的外植体材料还有很多，如茎段、腋芽等，可选择分化率高的合适外植体来作为特定植物的转化受体材料。

实验二十二

1.RAPD 扩增选用的引物是单引物，而普通 PCR 扩增选用的引物是双引物。

2.RAPD 扩增采用的退火温度一般在 $32\sim38℃$。

3.减少模板 DNA 用量。

附　　录

附录Ⅰ　分子生物学常用试剂及培养基

一、微生物常用培养基配方

1. LB 液体培养基

细菌培养用胰化蛋白胨	10.0 g
细菌培养用酵母提取物	5.0 g
NaCl	10.0 g

在 950 mL 去离子水中加入以上各溶质,用 5 mol/L NaOH(约 0.2 mL)调节 pH 值至 7.0,加入去离子水至总体积为 1 L,121℃高压蒸汽灭菌 20 min。

2. YEB 液体培养基

细菌培养用胰化蛋白胨	5.0 g
细菌培养用酵母提取物	1.0 g
牛肉膏	5.0 g
$MgSO_4 \cdot 7H_2O$	0.493 g

调至 pH 7.0,以去离子水定容至 1 L,121℃高压蒸汽灭菌 20 min。

3. 含有琼脂的固体培养基

先按配方配制液体培养基,临高压灭菌前加入下列试剂中的 1 份:

细菌培养用琼脂(Agar)	14~15 g/L(铺制平板用)
细菌培养用琼脂(Agar)	7 g/L(配制顶层琼脂用)

在 121℃下蒸汽灭菌 20 min,从灭菌锅中取出时应轻轻旋动以使溶解的琼脂均匀分布于整个培养基溶液中,操作必须小心,防止由于培养基过热而发生暴沸。应使培养基降温到 50℃,才可加入不耐热的物质(如抗生素)。为避免产生气泡,混匀培养基时应采取旋动的方式,然后可直接从烧杯中倾出培养基铺制平板。

培养基完全凝结后,应倒置平皿并贮存于4℃备用。使用前1～2 h取出贮存的平皿。如果平板是新鲜制备的,常会在皿盖上形成冷凝水。在培养菌体的过程中易导致细菌或噬菌体在平板表面交互扩散而增加交叉污染的机会。为了防止此问题,可预先在37℃把平皿倒置温育数小时。

二、主要溶液(母液)及缓冲液配制

1. 1 mol/L Tris-HCl 缓冲液

称取121.1 g三羟甲基氨基甲烷(Tris,相对分子质量121.1),溶于800 mL水中,搅拌条件下加入浓盐酸溶液冷至室温,用稀盐酸准确调pH值至所需值(调至pH 7.4约需浓盐酸70 mL,调至pH 7.6约需浓盐酸60 mL,调至pH 8.0约需浓盐酸42 mL),加入重蒸水至总体积1 L,高压湿热灭菌,4℃保存备用。

Tris溶液的pH值随温度变化而变化,温度每升高1℃,pH大约降低0.03单位,配制及使用时需注意。

2. 0.5 mol/L EDTA(pH 8.0)溶液

称取乙二胺四乙酸二钠($Na_2 EDTA \cdot 2H_2O$))186.1 g,加入800 mL重蒸水,磁力搅拌器上搅拌,加入NaOH调pH值至8.0,重蒸水定容至1 L,高压蒸汽灭菌,4℃保存备用。

只有在pH值接近8.0时EDTA钠盐才能完全溶解,调整pH值时可以用固体NaOH,大约使用20 g,也可以用10 mol/L的NaOH,大约使用70 mL,待EDTA钠盐完全溶解后,再用稀NaOH准确调至pH 8.0。

3. 2% SDS

称取十二烷基硫酸钠(SDS)2 g,加入90 mL重蒸水,于42～68℃水中溶解,加入数滴6 mol/L HCl调至pH 7.2,重蒸水定容至100 mL,4℃保存备用。

4. 0.4 mol/L NaOH

称取1.6 g NaOH溶于100 mL蒸馏水中。

5. 1 mol/L HCl

取86.2 mL浓盐酸加入到913.8 mL蒸馏水中。

6. 3 mol/L乙酸钾(pH 4.8)

称取29.4 g乙酸钾,溶于60 mL重蒸水中,溶解后再加入11.5 mL冰乙酸及28.5重蒸水,所得溶液中含有3 mol/L的钾及5 mol/L的乙酸根,高压湿热灭菌,于4℃冰箱贮存备用。

7. TE(10 mmol/L Tris,1 mmol/L EDTA)

有pH 7.4,pH 7.6,pH 8.0的3种pH值的TE溶液,分别由1 mL的pH 7.4、

pH 7.6、pH 8.0 的 1 mol/L Tris-HCl 缓冲液与 0.2 mL 的 0.5 mol/L EDTA(pH 8.0)溶液混合后,用重蒸水定容至 100 mL 配制而成,高压湿热灭菌,于 4℃冰箱保存备用。

8. Tris-HCl 饱和重蒸酚(pH 8.0)溶液

将苯酚(俗称石炭酸,相对分子质量 94.11,分析纯,下同)置于 65℃水浴中溶解,重新进行蒸馏,当温度升至 183℃时开始收集在棕色瓶中,—20℃贮藏,使用前取一瓶重蒸酚于分液漏斗中,加入等体积的 1 mol/L Tris-HCl(pH 8.0)缓冲液,立即加盖,激烈振荡,并加入固体 Tris 摇匀调 pH(一般 100 mL 苯酚约加 1 g Tris)。分层后测上层水相 pH 至 7.6~8.0(在酸性条件下,DNA 将溶解到有机相)。从分液漏斗中放出下层酚相于棕色瓶中,并加一定体积 0.1 mol/L Tris-HCl(pH 8.0)覆盖在酚相上,置 4℃冰箱贮存备用(操作时要戴手套,酚在空气中极易氧化变红,要随时加盖,也可加入抗氧化剂,如加入 0.1% 8-羟基喹啉、0.2% β-琉基乙醇)。

9. 氯仿/异戊醇溶液(24∶1)

将氯仿和异戊醇按体积比 24∶1 混合,于 4℃冰箱贮存备用。

10. Tris-HCl 溶液饱和酚/氯仿/异戊醇(25∶24∶1,$V/V/V$)

在氯仿中加入异戊醇,氯仿/异戊醇(24∶1,V/V)。酚与氯仿/异戊醇按 1∶1 的比例混合待用,4℃贮存 1 个月。

11. 5×TBE 缓冲液

称取 Tris 10.88 g、硼酸 5.52 g 和 EDTA 0.72 g,用蒸馏水溶解后,定容至 200 mL,用前稀释 10 倍。

12. 上样缓冲液(6×)

称取溴酚蓝 250 mg,加重蒸水 10 mL,室温下过夜,待溶解后再称取蔗糖 40 g,加重蒸水溶解后移入溴酚蓝溶液中,混匀后加重蒸水定容到 100 mL,于 4℃冰箱贮存备用。

13. 1% EB 溶液

戴手套谨慎称取溴化乙锭(EB)于棕色试剂瓶内(EB 见光易分解),按 1 mg/100 mL 浓度加重蒸水配制,溶解后贮于 4℃冰箱备用(EB 是 DNA 的诱变剂,亦是潜在致癌物,如有液体溅出外面,可加少量漂白粉使 EB 分解)。临用前,用电泳缓冲液稀释或直接加入溶解的琼脂糖凝胶中,使其最终浓度达到 0.5 μg/mL。

14. 3 mol/L Kac

60 mL 5 mol/L KAc,11.5 mL 冰乙酸,28.5 mL H_2O,pH 4.8,于 4℃贮存

备用。

15. 0.1 mol/L CaCl$_2$ 溶液

称取 11.1 g CaCl$_2$，加入 10 mL 1 mol/L 的 Tris-HCl 溶液（pH 8.0），混匀定容至 1 L。

16. 0.1 mol/L IPTG（异丙基硫代 β-D-半乳糖苷）

取 2 g IPTG 溶于 8 mL 双蒸水中，定容 10 mL，用 0.22 μm 滤膜过滤除菌，每份 1 mL，贮存于 −20℃。

17. 20 mg/mL X-gal（5-溴-4-氯-3-吲哚-β-D-半乳糖苷）

将 X-gal 溶于二甲基甲酰胺，配成，不需过滤灭菌，分装后避光贮存于 −20℃。

18. RNA 酶 A（DNase-free RNase A）

溶解 RNase A 于 TE 缓冲液中，浓度为 20 mg/mL，煮沸 10～30 min 除去 DNase 活性，−20℃贮存。

19. 100 mg/mL 氨苄青霉素钠盐母液（Amp）

配制 LB 培养基时，使抗生素终浓度为 100 μg /mL，即 1 mL LB 培养基中加 1 μL 的 Amp 母液。

附录Ⅱ　植物组织培养常用培养基

成分	用 量 /（mg/L）						
	MS	N6	SH	HE	B5	AA	LS
大量元素							
NH$_4$NO$_3$	1 650						1 650
KNO$_3$	1 900	2 830	2 500		2 500		1 900
CaCl$_2$ · 2H$_2$O	440	166	200	75	150	440	400
MgSO$_4$ · 7H$_2$O	370	185	400	250	250	370	370
KH$_2$PO$_4$	170	400	—			170	170
(NH$_4$)$_2$SO$_4$	—	463			124		
NH$_4$H$_2$PO$_4$	—	—	300				
NaNO$_3$	—	—		600			
NaH$_2$PO$_4$ · H$_2$O	—	—		125	150		
KCl				750		2 940	

续表

成分	用量 /(mg/L)						
	MS	N6	SH	HE	B5	AA	LS
微量元素							
KI	0.83	0.8	1.0	0.01	0.75	0.83	0.83
H_3BO_3	6.2	1.6	5.0	1.0	3.0	6.2	6.2
$MnSO_4 \cdot 4H_2O$	22.3	4.4		0.1			22.3
$MNSO_4 \cdot H_2O$			10		10	16.9	
$ZnSO_4 \cdot 7H_2O$	8.6	1.5	1.0	1.0	2.0	8.6	8.6
$Na_2MoO_4 \cdot 2H_2O$	0.25		0.1		0.25	0.25	0.25
$CuSO_4 \cdot 5H_2O$	0.025		0.2	0.03	0.025	0.025	0.025
$CoCl_2 \cdot 6H_2O$	0.025		0.1	0.03	0.025	0.025	0.025
$NiCl_2 \cdot 6H_2O$				0.03			
$FeCl_3 \cdot 6H_2O$				1.0			
铁盐							
Na_2EDTA	37.3	37.25			37.3	37.3	37.3
$FeSO_4 \cdot 7H_2O$	27.8	27.85			27.8	27.8	27.8
有机成分							
甘氨酸	2.0	2.0				75	
盐酸硫胺素	0.4	1.0	5.0	10		0.5	0.4
盐酸吡哆醇	0.5	0.5	0.5	1		0.1	
烟酸	0.5	0.5	5.0	1		0.5	
肌醇	100	1 000		100		100	100
L-谷氨酰胺					877		
L-天冬氨酸					266		
L-精氨酸					288		
水解酪蛋白							1~3 g
蔗糖	30 g	50 g	30 g	20 g	20 g	20 g	30 g

附录Ⅲ 常用激素的配制

激素		溶剂	定容液
2,4-D	(2,4-dichlorophenoxyacetic acid)	少量95%乙醇或1 mol/L NaOH	水
NAA	(naphthalene acetic acid)	热水或少量95%乙醇	水
IAA	(indol acetic acid)	少量95%乙醇	水
IBA	(indol butyric acid)	少量95%乙醇	水
6-BA	(benzyladenine)	1 mol/L HCl	水
KT	(kinetin)	1 mol/L HCl	水
Z	(zeatin)	少量95%乙醇	水
GA	(gibberellin)	少量95%乙醇	水
ABA	(abscisic acid)	水	水

附录Ⅳ 常用消毒剂的使用方法及效果

消毒剂	使用浓度/%	消毒时间/min	消除难易	效果
次氯酸钠	2	5～30	易	很好
次氯酸钙	9～10	5～30	易	很好
漂白粉	饱和液	5～30	易	很好
氯化汞	0.1～1	2～10	难	最好
酒精	70～75	0.2～2	易	好
过氧化氢	10～12	5～15	最易	好
溴水	1～2	2～10	易	很好
硝酸银	1	5～30	较难	好
抗生素	4～50 mg/L	30～60	中	较好

附录 V 原生质体培养溶液

1. 洗液（CPW）

mg/L

试剂	KH₂PO₄	KNO₃	CaCl₂ · 2H₂O	MgSO₄ · 7H₂O	KI	CuSO₄ · 5H₂O	* MES	Mannitol	pH 值
用量	27.2	101	1.48	246	0.16	0.025	5	72.9	5.8

* MES：2-N-morpholino-ethane sulfonic acid，M. W. 195. 24.

2. 培养基（KPR）

mg/L

无机盐	用量	糖类和糖醇	用量	有机酸	用量	维生素	用量	其他有机添加物	用量	生长调节剂	用量
KNO₃	1 900	葡萄糖	68 400	肌醇	100	盐酸硫胺素 VB1	1	椰子乳	20 mL	2,4-D	0.2
NH₄NO₃	600	蔗糖	250	柠檬酸	40	盐酸吡哆醇 VB6	1	水解酪蛋白	250	NAA	1.0
CaCl₂ · 2H₂O	600	果糖	250	苹果酸	40	烟酰胺	1			玉米素	0.5
MgSO₄ · 7H₂O	300	核糖	250	延胡索酸	40	抗坏血酸	2			pH 值	5.6

续表

无机盐	用量	糖类和糖醇	用量	有机酸	用量	维生素	用量	其他有机添加物	用量	生长调节剂	用量
KH_2PO_4	170	木糖	250	丙酮酸钠	20	氯化胆碱	1				
KCl	300	甘露醇	250	氨基乙酸	2	泛酸钙	1				
$MnSO_4 \cdot H_2O$	10.0	鼠李糖	250			叶酸	0.4				
KI	0.75	纤维二糖	250			核黄素	0.2				
$CoCl_2 \cdot 6H_2O$	0.025	山梨醇	250			对氨基苯甲酸	0.02				
$ZnSO_4 \cdot 7H_2O$	2.0					生物素	0.01				
$CuSO_4 \cdot 5H_2O$	0.025					维生素 A	0.01				
H_3BO_3	3.0					维生素 D_3	0.01				
$Na_2MoO_4 \cdot 2H_2O$	0.25					维生素 B_{12}	0.02				
Seqestrene	330										
Fe	28										

附录Ⅵ 玻璃器皿的洗涤方法

一、常规洗涤

其顺序是：

1. 洗除油渍、石蜡、胶布渍、霉菌等脏物。

2. 浸入温肥皂（洗衣粉、洗涤精）液，用刷子刷干净用具的内外壁，直至玻璃瓶壁上不挂水珠，才算清洗干净。

3. 清洗后用水冲洗数次，清除洗涤剂等的黏附物。若这时发现有瓶壁挂水珠的瓶子，再应重复 2 步骤，或用其他方法除去污物。

4. 用蒸馏水淋洗器具的内外壁。

5. 将玻璃器皿倒置晾干，或用热风吹干或烘干。

6. 分别放置在专用架或箱柜内备用。

二、特殊洗涤

1. 洗液洗涤。对于较脏的玻璃器皿，应先用碱洗（如用肥皂水洗除一般脏物），晾干后（一定要晾干，否则瓶上的水分易使洗液失效）应再浸入洗液中酸洗，浸几分钟到几天不等，依肮脏程度而定。洗液要放在有盖的玻璃缸内。若是洗吸管等一类长形器皿，可将洗液放于大标本缸内，把吸管装在防酸尼龙丝网袋里，一起浸入洗液内。浸好后取出，滴干洗液，盖好洗液缸，以免洗液吸液失效，然后按常规洗涤的 3～6 步骤进行。

洗液的配制，有 3 种配方：

（1）弱液：重铬酸钾 50 g 和蒸馏水 1 000 mL，加热溶解，冷却后缓缓加入工业用硫酸 90 mL。

（2）强液：重铬酸钾 10 g 和蒸馏水 20 mL，加热溶解，冷却后徐徐加入浓硫酸（比重 1.84）175 mL。

（3）饱和液：重铬酸钾 10 g 和蒸馏水 20 mL，加热溶解，冷却慢慢加入浓硫酸，并同时缓慢地加入研碎的重铬酸钾直到饱和为止，一般比例为 1 000 mL 浓硫酸加入重铬酸钾 50 g。

配制洗液务必注意 4 点：

①重铬酸钾液一定要冷却后才能加浓硫酸。

②只能把浓硫酸倒入重铬酸钾溶液中,绝不能把重铬酸钾液或水倒入浓硫酸。

③浓硫酸加入重铬酸钾溶液中,是一种放热反应,浓硫酸不能加得过快,否则升温太快,会引起玻璃瓶受热不匀而破裂。为防万一,在配制时最好将玻璃瓶放在防酸尼龙盆内。

④配好的洗液一定要密封贮藏,以免失效。失效的洗液由黑棕色转变为蓝绿色。但仍可作一般洗涤用。

2. 油污器皿洗涤。遇有油污的器皿,宜先用去油剂或相应的有机溶剂洗除油污,再进行常规洗涤。

3. 带石蜡或胶布器皿洗涤。手续较为麻烦,多用机械将石蜡或胶布剥除后,再进行常规洗涤。石蜡可放在过量水中煮沸,趁热倒去沸水,反复数次即可。带胶布器皿也可放入硫酸洗液中浸几天后,再进行常规洗涤。

参 考 文 献

[1] 迪芬巴赫 C W,德维克斯勒 G S. PCR 技术实验指南. 黄培堂,等译. 北京:科学出版社,2000.

[2] 傅荣昭,等. 植物遗传转化技术手册. 北京:中国科学技术出版社,1994.

[3] 洪亚辉,等. 植物外源 DNA 直接导入技术. 长沙:湖南科学技术出版社,2000.

[4] 卢圣栋. 现代分子生物学实验技术. 北京:高等教育出版社,1993.

[5] 穆里斯 K B,费里 F,吉布斯 R,等. 聚合酶链式反应. 陈受宜,等译. 北京:科学出版社,1998.

[6] 莽克强. 农业生物工程. 北京:化学工业出版社,1998.

[7] 孙敬三,陈维伦. 植物生物技术和作物改良. 北京:中国科学技术出版社,1990.

[8] 萨姆布鲁克 J,拉塞尔 D W. 分子克隆实验指南. 3 版. 黄培堂,等译. 北京:科学出版社,2002.

[9] 王重庆,李云兰,李德昌,等. 高级生物化学实验教程. 北京:北京大学出版社,1994.

[10] 许智宏,卫志明. 植物原生质体培养和遗传操作. 上海:上海科学技术出版社,1995.

[11] 朱德蔚. 植物组织培养与脱毒快繁技术. 北京:中国科学技术出版社,2001.

[12] 周光宇,等. 农业分子育种研究进展. 北京:中国农业出版社,1993.

[13] Alberts B, Bray O, Lewis J, et al. Molecular biology of the Cell. New York: Garlanf Publishing, Inc. ,1994.

[14] Ausubel F M, Brent R, Kingston R E, et al. Current Protocols in Molecular Biology. New York: John Wiley & Sons,Inc. ,2004.

[15] Kahl G, The Dictionary of Gene Technology. 2nd ed. Weihein: Wiley-vch, 2001.

[16] Leister T,Dahlbeck D,Day D, et al. Molecular genetic evidence for the role of *SGT*1 in the intramolecular complementation of Bs2 protein activity in *Nicotiana benthamiana*. The Plant Cell, 2005, 17:1268-1278.

[17] Li Y, Bao Y M, Wei C H, et al. Identification of the first gene with cell-to-cell movement function from a plant double-stranded RNA virus. Journal of Virology, 2004, 78:5382-5389.